초등 수학

신기한
연산왕

F-2 초6 수준

KB085865

KMA
한국수학학력평가

평가 일시 : 매년 상반기 6월, 하반기 11월 실시

참가 대상 초등 1학년 ~ 중등 3학년
(상급학년 응시가능)

신청 방법 1) KMA 홈페이지에서 온라인 접수
2) 해당지역 KMA 학원 접수처
3) 기타 문의 ☎ 070-4861-4832

홈페이지 www.kma-e.com

※ 상세한 내용은 홈페이지에서 확인해 주세요.

주 최 | 한국수학학력평가 연구원　　주 관 | ㈜에듀왕

KMA 대비서

초등 수학의 기본은 연산력!!

신기한

연산왕

F-2 초6 수준

구성과 특징

원리+익힘

원리+익힘

연산의 원리를 쉽게 이해하고 빠르고 정확한 계산 능력을 얻을 수 있도록 구성하였습니다.

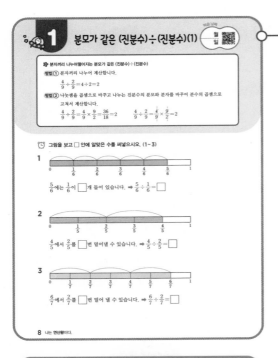

신기한 연산

연산 능력과 창의사고력 향상이 동시에 이루어질 수 있는 문제로 구성하여 계산 능력과 창의사고력이 저절로 향상될 수 있도록 구성하였습니다.

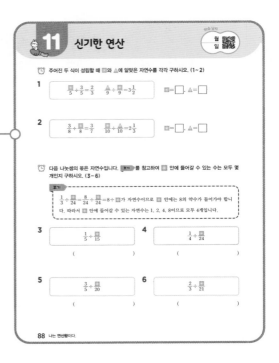

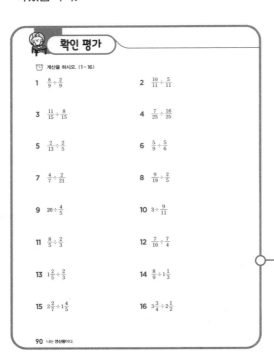

확인평가

단원을 마무리하면서 익힌 내용을 평가하여 자신의 실력을 알아볼 수 있도록 구성하였습니다.

크라운 온라인 단원 평가는?

크라운 온라인 평가는?

단원별 학습한 내용을 올바르게 학습하였는지 실시간 점검할 수 있는 온라인 평가 입니다.

- 온라인 평가는 매단원별 25문제로 출제 되었습니다
- 평가 시간은 30분이며 시험 시간이 지나면 문제를 풀 수 없습니다
- 온라인 평가를 통해 100점을 받으시면 크라운 1개를 획득할 수 있습니다.

온라인 평가 방법

에듀왕닷컴 접속 www.eduwang.com	메인 상단 메뉴에서 단원평가 클릭	단계 및 단원 선택
신규 회원 가입 또는 로그인	닷컴 메인 메뉴에서 단원 평가 클릭	평가하고자 하는 단계와 단원을 선택

크라운 확인	온라인 단원 평가 종료	온라인 단원 평가 실시
마이페이지에서 크라운 확인 후 크라운 사용	종료 후 실시간 평가 결과 확인	30분 동안 평가 실시

유의사항

- 평가 시작 전 종이와 연필을 준비하시고 인터넷 및 와이파이 신호를 꼭 확인하시기 바랍니다
- 단원평가는 최초 1회에 한하여 크라운이 반영됩니다. (중복 평가 시 크라운 미 반영)
- 각 단원 평가를 통해 100점을 받으시면 크라운 1개를 드리며, 획득하신 크라운으로 에듀왕닷컴에서 판매하고 있는 교재 및 서비스를 무료로 구매 하실 수 있습니다 (크라운 1개 – 1,000원)

연산왕 단계별 학습 내용

A-1 (초1수준)
1. 9까지의 수
2. 9까지의 수를 모으고 가르기
3. 덧셈과 뺄셈

A-2 (초1수준)
1. 19까지의 수
2. 50까지의 수
3. 50까지의 수의 덧셈과 뺄셈

A-3 (초1수준)
1. 100까지의 수
2. 덧셈
3. 뺄셈

A-4 (초1수준)
1. 두 자리 수의 혼합 계산
2. 두 수의 덧셈과 뺄셈
3. 세 수의 덧셈과 뺄셈

B-1 (초2수준)
1. 세 자리 수
2. 받아올림이 한 번 있는 덧셈
3. 받아올림이 두 번 있는 덧셈

B-2 (초2수준)
1. 받아내림이 한 번 있는 뺄셈
2. 받아내림이 두 번 있는 뺄셈
3. 덧셈과 뺄셈의 관계

B-3 (초2수준)
1. 네 자리 수
2. 세 자리 수와 두 자리 수의 덧셈과 뺄셈
3. 세 수의 계산

B-4 (초2수준)
1. 곱셈구구
2. 길이의 계산
3. 시각과 시간

차례

1

분수와 소수의 나눗셈

1 분모가 같은 (진분수)÷(진분수)(1)

학습 날짜
월
일

✿ 분자끼리 나누어떨어지는 분모가 같은 (진분수)÷(진분수)

방법① 분자끼리 나누어 계산합니다.

$$\frac{4}{9} \div \frac{2}{9} = 4 \div 2 = 2$$

방법② 나눗셈을 곱셈으로 바꾸고 나누는 진분수의 분모와 분자를 바꾸어 분수의 곱셈으로 고쳐서 계산합니다.

$$\frac{4}{9} \div \frac{2}{9} = \frac{4}{9} \times \frac{9}{2} = \frac{36}{18} = 2 \qquad \frac{4}{9} \div \frac{2}{9} = \frac{\overset{2}{\cancel{4}}}{\underset{1}{\cancel{9}}} \times \frac{\overset{1}{\cancel{9}}}{\underset{1}{\cancel{2}}} = 2$$

⏰ 그림을 보고 □ 안에 알맞은 수를 써넣으시오. (1~3)

1

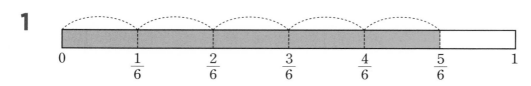

$\frac{5}{6}$에는 $\frac{1}{6}$이 □개 들어 있습니다. ➡ $\frac{5}{6} \div \frac{1}{6} = $□

2

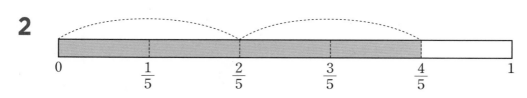

$\frac{4}{5}$에서 $\frac{2}{5}$를 □번 덜어낼 수 있습니다. ➡ $\frac{4}{5} \div \frac{2}{5} = $□

3

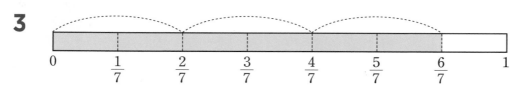

$\frac{6}{7}$에서 $\frac{2}{7}$를 □번 덜어 낼 수 있습니다. ➡ $\frac{6}{7} \div \frac{2}{7} = $□

🕐 ☐ 안에 알맞은 수를 써넣으시오. (4~10)

4 $\dfrac{3}{5}$에는 $\dfrac{1}{5}$이 ☐ 개 들어 있으므로 $\dfrac{3}{5} \div \dfrac{1}{5} =$ ☐ 입니다.

5 $\dfrac{5}{7}$에는 $\dfrac{1}{7}$이 ☐ 개 들어 있으므로 $\dfrac{5}{7} \div \dfrac{1}{7} =$ ☐ 입니다.

6 $\dfrac{8}{9}$은 $\dfrac{1}{9}$이 ☐ 개이고 $\dfrac{4}{9}$는 $\dfrac{1}{9}$이 ☐ 개이므로 $\dfrac{8}{9} \div \dfrac{4}{9} =$ ☐ 입니다.

7 $\dfrac{6}{7}$은 $\dfrac{1}{7}$이 ☐ 개이고 $\dfrac{3}{7}$은 $\dfrac{1}{7}$이 ☐ 개이므로 $\dfrac{6}{7} \div \dfrac{3}{7} =$ ☐ 입니다.

8 $\dfrac{9}{10}$는 $\dfrac{1}{10}$이 ☐ 개이고 $\dfrac{3}{10}$은 $\dfrac{1}{10}$이 ☐ 개이므로 $\dfrac{9}{10} \div \dfrac{3}{10} =$ ☐ 입니다.

9 $\dfrac{12}{13}$는 $\dfrac{1}{13}$이 ☐ 개이고 $\dfrac{4}{13}$는 $\dfrac{1}{13}$이 ☐ 개이므로 $\dfrac{12}{13} \div \dfrac{4}{13} =$ ☐ 입니다.

10 $\dfrac{15}{17}$는 $\dfrac{1}{17}$이 ☐ 개이고 $\dfrac{3}{17}$은 $\dfrac{1}{17}$이 ☐ 개이므로 $\dfrac{15}{17} \div \dfrac{3}{17} =$ ☐ 입니다.

⏰ □ 안에 알맞은 수를 써넣으시오. (1~14)

1 $\dfrac{2}{3} \div \dfrac{1}{3} = \boxed{} \div \boxed{} = \boxed{}$

2 $\dfrac{3}{4} \div \dfrac{1}{4} = \boxed{} \div \boxed{} = \boxed{}$

3 $\dfrac{5}{8} \div \dfrac{1}{8} = \boxed{} \div \boxed{} = \boxed{}$

4 $\dfrac{7}{10} \div \dfrac{1}{10} = \boxed{} \div \boxed{} = \boxed{}$

5 $\dfrac{4}{9} \div \dfrac{2}{9} = \boxed{} \div \boxed{} = \boxed{}$

6 $\dfrac{6}{7} \div \dfrac{2}{7} = \boxed{} \div \boxed{} = \boxed{}$

7 $\dfrac{8}{11} \div \dfrac{4}{11} = \boxed{} \div \boxed{} = \boxed{}$

8 $\dfrac{10}{13} \div \dfrac{2}{13} = \boxed{} \div \boxed{} = \boxed{}$

9 $\dfrac{14}{15} \div \dfrac{7}{15} = \boxed{} \div \boxed{} = \boxed{}$

10 $\dfrac{18}{19} \div \dfrac{6}{19} = \boxed{} \div \boxed{} = \boxed{}$

11 $\dfrac{15}{22} \div \dfrac{5}{22} = \boxed{} \div \boxed{} = \boxed{}$

12 $\dfrac{18}{25} \div \dfrac{3}{25} = \boxed{} \div \boxed{} = \boxed{}$

13 $\dfrac{16}{17} \div \dfrac{4}{17} = \boxed{} \div \boxed{} = \boxed{}$

14 $\dfrac{24}{29} \div \dfrac{6}{29} = \boxed{} \div \boxed{} = \boxed{}$

🕐 계산을 하시오. (15 ~ 28)

15 $\dfrac{2}{5} \div \dfrac{1}{5}$

16 $\dfrac{3}{7} \div \dfrac{1}{7}$

17 $\dfrac{8}{9} \div \dfrac{1}{9}$

18 $\dfrac{5}{6} \div \dfrac{1}{6}$

19 $\dfrac{4}{5} \div \dfrac{2}{5}$

20 $\dfrac{6}{7} \div \dfrac{3}{7}$

21 $\dfrac{9}{10} \div \dfrac{3}{10}$

22 $\dfrac{12}{17} \div \dfrac{4}{17}$

23 $\dfrac{16}{19} \div \dfrac{8}{19}$

24 $\dfrac{20}{21} \div \dfrac{5}{21}$

25 $\dfrac{27}{28} \div \dfrac{9}{28}$

26 $\dfrac{26}{27} \div \dfrac{13}{27}$

27 $\dfrac{33}{34} \div \dfrac{11}{34}$

28 $\dfrac{36}{37} \div \dfrac{12}{37}$

⏰ ☐ 안에 알맞은 수를 써넣으시오. (1~10)

1 $\dfrac{3}{4} \div \dfrac{1}{4} = \dfrac{3}{4} \times \dfrac{\square}{\square} = \dfrac{3 \times \square}{4 \times \square} = \dfrac{\square}{\square} = \square$

2 $\dfrac{6}{7} \div \dfrac{3}{7} = \dfrac{6}{7} \times \dfrac{\square}{\square} = \dfrac{6 \times \square}{7 \times \square} = \dfrac{\square}{\square} = \square$

3 $\dfrac{12}{13} \div \dfrac{4}{13} = \dfrac{12}{13} \times \dfrac{\square}{\square} = \dfrac{12 \times \square}{13 \times \square} = \dfrac{\square}{\square} = \square$

4 $\dfrac{14}{15} \div \dfrac{2}{15} = \dfrac{14}{15} \times \dfrac{\square}{\square} = \dfrac{14 \times \square}{15 \times \square} = \dfrac{\square}{\square} = \square$

5 $\dfrac{4}{9} \div \dfrac{2}{9} = \dfrac{\overset{\square}{\cancel{4}}}{\underset{\square}{9}} \times \dfrac{\overset{\square}{9}}{\underset{\square}{\cancel{2}}} = \square$

6 $\dfrac{6}{11} \div \dfrac{2}{11} = \dfrac{\overset{\square}{\cancel{6}}}{\underset{\square}{11}} \times \dfrac{\overset{\square}{11}}{\underset{\square}{\cancel{2}}} = \square$

7 $\dfrac{9}{13} \div \dfrac{3}{13} = \dfrac{\overset{\square}{\cancel{9}}}{\underset{\square}{13}} \times \dfrac{\overset{\square}{13}}{\underset{\square}{\cancel{3}}} = \square$

8 $\dfrac{10}{17} \div \dfrac{5}{17} = \dfrac{\overset{\square}{\cancel{10}}}{\underset{\square}{17}} \times \dfrac{\overset{\square}{17}}{\underset{\square}{\cancel{5}}} = \square$

9 $\dfrac{18}{19} \div \dfrac{9}{19} = \dfrac{\overset{\square}{\cancel{18}}}{\underset{\square}{19}} \times \dfrac{\overset{\square}{19}}{\underset{\square}{\cancel{9}}} = \square$

10 $\dfrac{8}{15} \div \dfrac{4}{15} = \dfrac{\overset{\square}{\cancel{8}}}{\underset{\square}{15}} \times \dfrac{\overset{\square}{15}}{\underset{\square}{\cancel{4}}} = \square$

⏰ 계산을 하시오. (11~24)

11 $\dfrac{8}{9} \div \dfrac{1}{9}$

12 $\dfrac{5}{6} \div \dfrac{5}{6}$

13 $\dfrac{6}{11} \div \dfrac{3}{11}$

14 $\dfrac{9}{14} \div \dfrac{3}{14}$

15 $\dfrac{14}{15} \div \dfrac{7}{15}$

16 $\dfrac{15}{16} \div \dfrac{3}{16}$

17 $\dfrac{12}{13} \div \dfrac{2}{13}$

18 $\dfrac{14}{17} \div \dfrac{7}{17}$

19 $\dfrac{18}{25} \div \dfrac{3}{25}$

20 $\dfrac{21}{26} \div \dfrac{7}{26}$

21 $\dfrac{20}{21} \div \dfrac{5}{21}$

22 $\dfrac{18}{29} \div \dfrac{6}{29}$

23 $\dfrac{35}{39} \div \dfrac{5}{39}$

24 $\dfrac{39}{47} \div \dfrac{13}{47}$

⭐ 분자끼리 나누어떨어지지 않는 분모가 같은 (진분수)÷(진분수)

방법① 분자끼리 나누어 계산합니다.

$$\frac{4}{5} \div \frac{3}{5} = 4 \div 3 = \frac{4}{3} = 1\frac{1}{3}$$

방법② 나눗셈을 곱셈으로 바꾸고 나누는 진분수의 분모와 분자를 바꾸어 분수의 곱셈으로 고쳐서 계산합니다.

$$\frac{4}{5} \div \frac{3}{5} = \frac{4}{5} \times \frac{5}{3} = \frac{20}{15} = \frac{4}{3} = 1\frac{1}{3} \qquad \frac{4}{5} \div \frac{3}{5} = \frac{4}{\underset{1}{5}} \times \frac{\overset{1}{5}}{3} = \frac{4}{3} = 1\frac{1}{3}$$

⏰ 그림을 보고 □ 안에 알맞은 수를 써넣으시오. (1~2)

1 $\dfrac{5}{7} \div \dfrac{2}{7}$ ➡

0 $\dfrac{1}{7}$ $\dfrac{2}{7}$ $\dfrac{3}{7}$ $\dfrac{4}{7}$ $\dfrac{5}{7}$ $\dfrac{6}{7}$ 1

$5 \div 2$ ➡

$$\frac{5}{7} \div \frac{2}{7} = 5 \div \boxed{} = \frac{5}{\boxed{}} = \boxed{}$$

2 $\dfrac{7}{10} \div \dfrac{3}{10}$ ➡

0 $\dfrac{1}{10}$ $\dfrac{2}{10}$ $\dfrac{3}{10}$ $\dfrac{4}{10}$ $\dfrac{5}{10}$ $\dfrac{6}{10}$ $\dfrac{7}{10}$ $\dfrac{8}{10}$ $\dfrac{9}{10}$ 1

$7 \div 3$ ➡

$$\frac{7}{10} \div \frac{3}{10} = 7 \div \boxed{} = \frac{7}{\boxed{}} = \boxed{}$$

⏰ □ 안에 알맞은 수를 써넣으시오. (3 ~ 7)

3 $\dfrac{2}{5}$는 $\dfrac{1}{5}$이 □개이고 $\dfrac{3}{5}$은 $\dfrac{1}{5}$이 □개이므로 $\dfrac{2}{5} \div \dfrac{3}{5} = □ \div □$ 입니다.

➡ $\dfrac{2}{5} \div \dfrac{3}{5} = □ \div □ = \boxed{}$

4 $\dfrac{4}{9}$는 $\dfrac{1}{9}$이 □개이고 $\dfrac{7}{9}$은 $\dfrac{1}{9}$이 □개이므로 $\dfrac{4}{9} \div \dfrac{7}{9} = □ \div □$ 입니다.

➡ $\dfrac{4}{9} \div \dfrac{7}{9} = □ \div □ = \boxed{}$

5 $\dfrac{6}{7}$은 $\dfrac{1}{7}$이 □개이고 $\dfrac{5}{7}$는 $\dfrac{1}{7}$이 □개이므로 $\dfrac{6}{7} \div \dfrac{5}{7} = □ \div □$ 입니다.

➡ $\dfrac{6}{7} \div \dfrac{5}{7} = □ \div □ = \dfrac{□}{□} = \boxed{}$

6 $\dfrac{5}{8}$는 $\dfrac{1}{8}$이 □개이고 $\dfrac{3}{8}$은 $\dfrac{1}{8}$이 □개이므로 $\dfrac{5}{8} \div \dfrac{3}{8} = □ \div □$ 입니다.

➡ $\dfrac{5}{8} \div \dfrac{3}{8} = □ \div □ = \dfrac{□}{□} = \boxed{}$

7 $\dfrac{9}{11}$는 $\dfrac{1}{11}$이 □개이고 $\dfrac{4}{11}$는 $\dfrac{1}{11}$이 □개이므로 $\dfrac{9}{11} \div \dfrac{4}{11} = □ \div □$ 입니다.

➡ $\dfrac{9}{11} \div \dfrac{4}{11} = □ \div □ = \dfrac{□}{□} = \boxed{}$

⏰ □ 안에 알맞은 수를 써넣으시오. (1~14)

1 $\dfrac{1}{4} \div \dfrac{3}{4} = \boxed{} \div \boxed{} = \boxed{}$

2 $\dfrac{3}{5} \div \dfrac{2}{5} = \boxed{} \div \boxed{} = \dfrac{\boxed{}}{\boxed{}} = \boxed{}$

3 $\dfrac{3}{5} \div \dfrac{4}{5} = \boxed{} \div \boxed{} = \boxed{}$

4 $\dfrac{7}{8} \div \dfrac{3}{8} = \boxed{} \div \boxed{} = \dfrac{\boxed{}}{\boxed{}} = \boxed{}$

5 $\dfrac{3}{7} \div \dfrac{5}{7} = \boxed{} \div \boxed{} = \boxed{}$

6 $\dfrac{8}{9} \div \dfrac{5}{9} = \boxed{} \div \boxed{} = \dfrac{\boxed{}}{\boxed{}} = \boxed{}$

7 $\dfrac{4}{9} \div \dfrac{7}{9} = \boxed{} \div \boxed{} = \boxed{}$

8 $\dfrac{9}{14} \div \dfrac{5}{14} = \boxed{} \div \boxed{} = \dfrac{\boxed{}}{\boxed{}} = \boxed{}$

9 $\dfrac{7}{10} \div \dfrac{9}{10} = \boxed{} \div \boxed{} = \boxed{}$

10 $\dfrac{10}{15} \div \dfrac{7}{13} = \boxed{} \div \boxed{} = \dfrac{\boxed{}}{\boxed{}} = \boxed{}$

11 $\dfrac{5}{12} \div \dfrac{11}{12} = \boxed{} \div \boxed{} = \boxed{}$

12 $\dfrac{9}{11} \div \dfrac{4}{11} = \boxed{} \div \boxed{} = \dfrac{\boxed{}}{\boxed{}} = \boxed{}$

13 $\dfrac{8}{13} \div \dfrac{9}{13} = \boxed{} \div \boxed{} = \boxed{}$

14 $\dfrac{14}{15} \div \dfrac{11}{15} = \boxed{} \div \boxed{} = \dfrac{\boxed{}}{\boxed{}} = \boxed{}$

⏰ 계산을 하시오. (15 ~ 28)

15 $\dfrac{1}{5} \div \dfrac{4}{5}$

16 $\dfrac{4}{5} \div \dfrac{3}{5}$

17 $\dfrac{1}{6} \div \dfrac{5}{6}$

18 $\dfrac{6}{7} \div \dfrac{5}{7}$

19 $\dfrac{3}{8} \div \dfrac{5}{8}$

20 $\dfrac{5}{8} \div \dfrac{3}{8}$

21 $\dfrac{2}{9} \div \dfrac{7}{9}$

22 $\dfrac{7}{10} \div \dfrac{3}{10}$

23 $\dfrac{3}{14} \div \dfrac{11}{14}$

24 $\dfrac{11}{15} \div \dfrac{2}{15}$

25 $\dfrac{9}{13} \div \dfrac{10}{13}$

26 $\dfrac{17}{18} \div \dfrac{5}{18}$

27 $\dfrac{11}{23} \div \dfrac{20}{23}$

28 $\dfrac{21}{25} \div \dfrac{13}{25}$

⏰ □ 안에 알맞은 수를 써넣으시오. (1~10)

1 $\dfrac{4}{7} \div \dfrac{5}{7} = \dfrac{4}{7} \times \dfrac{\square}{\square} = \dfrac{4 \times \square}{7 \times \square} = \dfrac{\square}{35} = \dfrac{\square}{5}$

2 $\dfrac{7}{9} \div \dfrac{8}{9} = \dfrac{7}{9} \times \dfrac{\square}{\square} = \dfrac{7 \times \square}{9 \times \square} = \dfrac{\square}{72} = \dfrac{\square}{8}$

3 $\dfrac{5}{8} \div \dfrac{3}{8} = \dfrac{5}{8} \times \dfrac{\square}{\square} = \dfrac{5 \times \square}{8 \times \square} = \dfrac{\square}{24} = \dfrac{\square}{3} = \square$

4 $\dfrac{10}{11} \div \dfrac{3}{11} = \dfrac{10}{11} \times \dfrac{\square}{\square} = \dfrac{10 \times \square}{11 \times \square} = \dfrac{\square}{33} = \dfrac{\square}{3} = \square$

5 $\dfrac{2}{9} \div \dfrac{7}{9} = \dfrac{2}{9} \times \dfrac{9}{7} = \square$

6 $\dfrac{8}{11} \div \dfrac{3}{11} = \dfrac{8}{11} \times \dfrac{11}{3} = \dfrac{\square}{\square} = \square$

7 $\dfrac{3}{10} \div \dfrac{7}{10} = \dfrac{3}{10} \times \dfrac{10}{7} = \square$

8 $\dfrac{9}{16} \div \dfrac{7}{16} = \dfrac{9}{16} \times \dfrac{16}{7} = \dfrac{\square}{\square} = \square$

9 $\dfrac{4}{13} \div \dfrac{9}{13} = \dfrac{4}{13} \times \dfrac{13}{9} = \square$

10 $\dfrac{17}{20} \div \dfrac{9}{20} = \dfrac{17}{20} \times \dfrac{20}{9} = \dfrac{\square}{\square} = \square$

계산은 빠르고 정확하게!

걸린 시간	1~6분	6~9분	9~12분
맞은 개수	22~24개	17~21개	1~16개
평가	참 잘했어요.	잘했어요.	좀더 노력해요.

⏰ 계산을 하시오. (11~24)

11 $\dfrac{1}{3} \div \dfrac{2}{3}$

12 $\dfrac{2}{9} \div \dfrac{5}{9}$

13 $\dfrac{7}{12} \div \dfrac{11}{12}$

14 $\dfrac{7}{13} \div \dfrac{12}{13}$

15 $\dfrac{9}{14} \div \dfrac{11}{14}$

16 $\dfrac{11}{21} \div \dfrac{16}{21}$

17 $\dfrac{17}{19} \div \dfrac{8}{19}$

18 $\dfrac{20}{21} \div \dfrac{13}{21}$

19 $\dfrac{19}{20} \div \dfrac{7}{20}$

20 $\dfrac{13}{24} \div \dfrac{5}{24}$

21 $\dfrac{17}{28} \div \dfrac{15}{28}$

22 $\dfrac{29}{35} \div \dfrac{17}{35}$

23 $\dfrac{31}{39} \div \dfrac{14}{39}$

24 $\dfrac{27}{31} \div \dfrac{4}{31}$

학습 날짜

월   일

⏰ 빈 곳에 알맞은 수를 써넣으시오. (1~10)

1
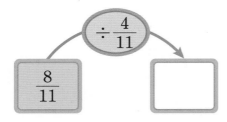

$\dfrac{8}{11} \div \dfrac{4}{11}$

2
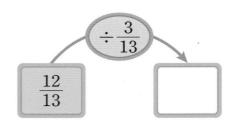

$\dfrac{12}{13} \div \dfrac{3}{13}$

3
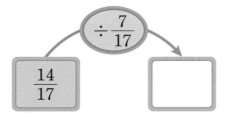

$\dfrac{14}{17} \div \dfrac{7}{17}$

4
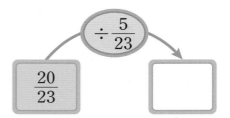

$\dfrac{20}{23} \div \dfrac{5}{23}$

5
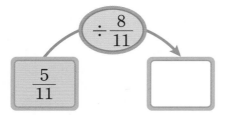

$\dfrac{5}{11} \div \dfrac{8}{11}$

6
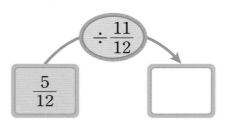

$\dfrac{5}{12} \div \dfrac{11}{12}$

7
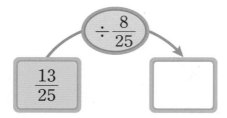

$\dfrac{13}{25} \div \dfrac{8}{25}$

8
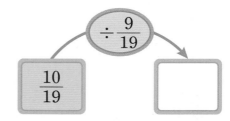

$\dfrac{10}{19} \div \dfrac{9}{19}$

9
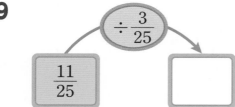

$\dfrac{11}{25} \div \dfrac{3}{25}$

10
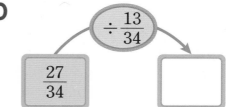

$\dfrac{27}{34} \div \dfrac{13}{34}$

계산은 빠르고 정확하게!

걸린 시간	1~5분	5~8분	8~10분
맞은 개수	17~18개	13~16개	1~12개
평가	참 잘했어요.	잘했어요.	좀더 노력해요.

⏰ ☐ 안에 알맞은 수를 써넣으시오. (11 ~ 18)

11
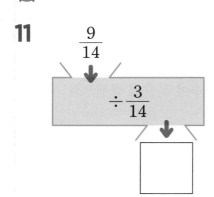

12
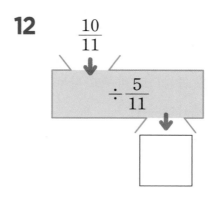

13
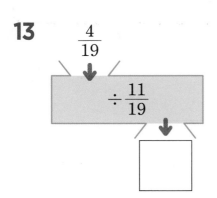

14
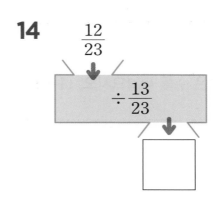

15
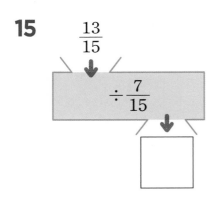

16
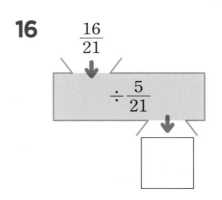

17
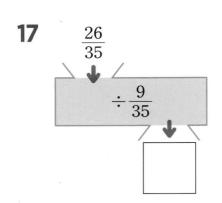

18
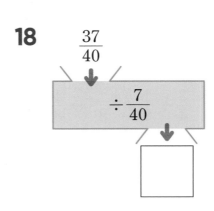

2 분모가 다른 (진분수)÷(진분수)(1)

방법 ① 두 분수를 통분한 후 분자끼리 나누어 계산합니다.

$$\frac{2}{3} \div \frac{4}{5} = \frac{10}{15} \div \frac{12}{15} = \frac{10}{12} = \frac{5}{6}$$

방법 ② 나눗셈을 곱셈으로 바꾸고 나누는 진분수의 분모와 분자를 바꾸어 분수의 곱셈으로 고쳐서 계산합니다.

$$\frac{2}{3} \div \frac{4}{5} = \frac{2}{3} \times \frac{5}{4} = \frac{10}{12} = \frac{5}{6}$$

$$\frac{2}{3} \div \frac{4}{5} = \frac{\overset{1}{2}}{3} \times \frac{5}{\underset{2}{4}} = \frac{5}{6}$$

□ 안에 알맞은 수를 써넣으시오. (1~2)

1

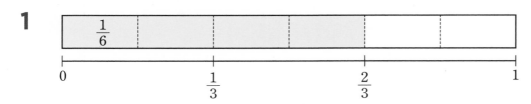

$$\frac{2}{3} \div \frac{1}{6} = \frac{\square}{6} \div \frac{1}{6} = \square \div 1 = \square$$

2

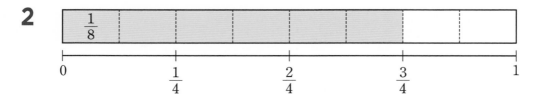

$$\frac{3}{4} \div \frac{1}{8} = \frac{\square}{8} \div \frac{1}{8} = \square \div 1 = \square$$

⏰ 그림을 보고 □ 안에 알맞은 수를 써넣으시오. (3~6)

3

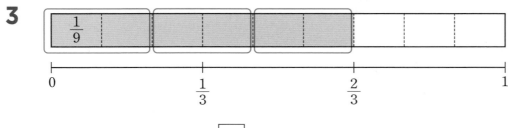

$$\frac{2}{3} \div \frac{2}{9} = \frac{\square}{9} \div \frac{2}{9} = \square \div 2 = \square$$

4

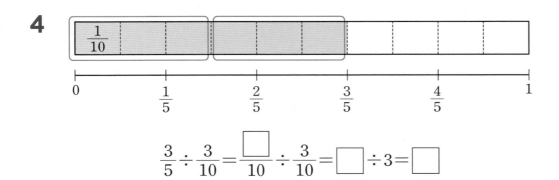

$$\frac{3}{5} \div \frac{3}{10} = \frac{\square}{10} \div \frac{3}{10} = \square \div 3 = \square$$

5

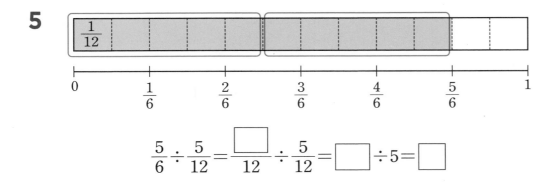

$$\frac{5}{6} \div \frac{5}{12} = \frac{\square}{12} \div \frac{5}{12} = \square \div 5 = \square$$

6

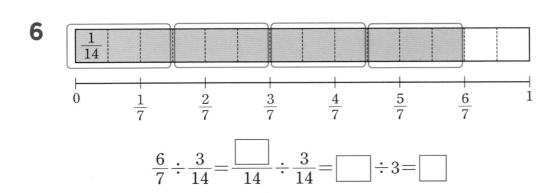

$$\frac{6}{7} \div \frac{3}{14} = \frac{\square}{14} \div \frac{3}{14} = \square \div 3 = \square$$

⏰ □ 안에 알맞은 수를 써넣으시오. (1~7)

1 $\dfrac{3}{4} \div \dfrac{7}{8} = \dfrac{\square}{8} \div \dfrac{\square}{8} = \square \div \square = \boxed{}$

2 $\dfrac{2}{3} \div \dfrac{5}{6} = \dfrac{\square}{6} \div \dfrac{\square}{6} = \square \div \square = \boxed{}$

3 $\dfrac{3}{5} \div \dfrac{2}{3} = \dfrac{\square}{15} \div \dfrac{\square}{15} = \square \div \square = \boxed{}$

4 $\dfrac{3}{4} \div \dfrac{5}{12} = \dfrac{\square}{12} \div \dfrac{\square}{12} = \square \div \square = \dfrac{\square}{\square} = \boxed{}$

5 $\dfrac{4}{5} \div \dfrac{3}{7} = \dfrac{\square}{35} \div \dfrac{\square}{35} = \square \div \square = \dfrac{\square}{\square} = \boxed{}$

6 $\dfrac{5}{7} \div \dfrac{2}{3} = \dfrac{\square}{21} \div \dfrac{\square}{21} = \square \div \square = \dfrac{\square}{\square} = \boxed{}$

7 $\dfrac{4}{5} \div \dfrac{3}{4} = \dfrac{\square}{20} \div \dfrac{\square}{20} = \square \div \square = \dfrac{\square}{\square} = \boxed{}$

⏰ 계산을 하시오. (8 ~ 21)

8 $\dfrac{1}{9} \div \dfrac{2}{5}$

9 $\dfrac{3}{5} \div \dfrac{1}{3}$

10 $\dfrac{2}{3} \div \dfrac{4}{5}$

11 $\dfrac{4}{7} \div \dfrac{3}{8}$

12 $\dfrac{4}{9} \div \dfrac{5}{6}$

13 $\dfrac{8}{9} \div \dfrac{4}{7}$

14 $\dfrac{5}{6} \div \dfrac{8}{9}$

15 $\dfrac{3}{4} \div \dfrac{2}{9}$

16 $\dfrac{2}{5} \div \dfrac{6}{7}$

17 $\dfrac{5}{8} \div \dfrac{3}{10}$

18 $\dfrac{5}{12} \div \dfrac{19}{24}$

19 $\dfrac{11}{18} \div \dfrac{7}{12}$

20 $\dfrac{3}{10} \div \dfrac{7}{18}$

21 $\dfrac{3}{11} \div \dfrac{8}{33}$

⏰ □ 안에 알맞은 수를 써넣으시오. (1 ~ 12)

1 $\dfrac{1}{4} \div \dfrac{5}{6} = \dfrac{1}{4} \times \dfrac{\Box}{\Box} = \dfrac{\Box}{20} = \dfrac{\Box}{10}$

2 $\dfrac{3}{5} \div \dfrac{3}{4} = \dfrac{3}{5} \times \dfrac{\Box}{\Box} = \dfrac{\Box}{15} = \dfrac{\Box}{5}$

3 $\dfrac{2}{3} \div \dfrac{4}{5} = \dfrac{2}{3} \times \dfrac{\Box}{\Box} = \dfrac{\Box}{12} = \dfrac{\Box}{6}$

4 $\dfrac{3}{8} \div \dfrac{5}{6} = \dfrac{3}{8} \times \dfrac{\Box}{\Box} = \dfrac{\Box}{40} = \dfrac{\Box}{20}$

5 $\dfrac{4}{11} \div \dfrac{4}{7} = \dfrac{4}{11} \times \dfrac{\Box}{\Box} = \dfrac{\Box}{44} = \dfrac{\Box}{11}$

6 $\dfrac{2}{9} \div \dfrac{2}{5} = \dfrac{2}{9} \times \dfrac{\Box}{\Box} = \dfrac{\Box}{18} = \dfrac{\Box}{9}$

7 $\dfrac{5}{7} \div \dfrac{2}{3} = \dfrac{5}{7} \times \dfrac{\Box}{\Box} = \dfrac{\Box}{\Box}$

$= \Box$

8 $\dfrac{5}{6} \div \dfrac{3}{7} = \dfrac{5}{6} \times \dfrac{\Box}{\Box} = \dfrac{\Box}{\Box}$

$= \Box$

9 $\dfrac{9}{10} \div \dfrac{3}{8} = \dfrac{9}{10} \times \dfrac{\Box}{\Box} = \dfrac{\Box}{30}$

$= \dfrac{\Box}{5} = \Box$

10 $\dfrac{7}{8} \div \dfrac{2}{5} = \dfrac{7}{8} \times \dfrac{\Box}{\Box} = \dfrac{\Box}{\Box}$

$= \Box$

11 $\dfrac{6}{7} \div \dfrac{2}{5} = \dfrac{6}{7} \times \dfrac{\Box}{\Box} = \dfrac{\Box}{14}$

$= \dfrac{\Box}{7} = \Box$

12 $\dfrac{7}{8} \div \dfrac{5}{12} = \dfrac{7}{8} \times \dfrac{\Box}{\Box} = \dfrac{\Box}{40}$

$= \dfrac{\Box}{10} = \Box$

⏰ 계산을 하시오. (13 ~ 26)

13 $\dfrac{4}{7} \div \dfrac{2}{3}$

14 $\dfrac{5}{6} \div \dfrac{1}{2}$

15 $\dfrac{7}{9} \div \dfrac{5}{6}$

16 $\dfrac{3}{8} \div \dfrac{1}{4}$

17 $\dfrac{5}{13} \div \dfrac{5}{6}$

18 $\dfrac{5}{6} \div \dfrac{5}{8}$

19 $\dfrac{5}{12} \div \dfrac{3}{4}$

20 $\dfrac{7}{18} \div \dfrac{3}{10}$

21 $\dfrac{3}{5} \div \dfrac{7}{10}$

22 $\dfrac{6}{7} \div \dfrac{3}{17}$

23 $\dfrac{2}{7} \div \dfrac{8}{11}$

24 $\dfrac{14}{15} \div \dfrac{7}{10}$

25 $\dfrac{3}{4} \div \dfrac{9}{10}$

26 $\dfrac{16}{21} \div \dfrac{5}{9}$

학습 날짜

월   일

⏰ 빈 곳에 알맞은 수를 써넣으시오. (1~10)

1

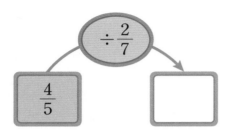

2

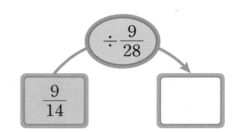

3

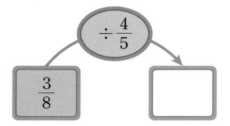

4

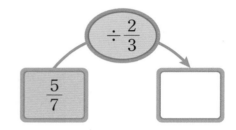

5

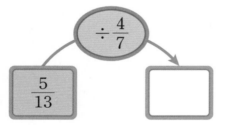

6

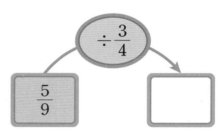

7

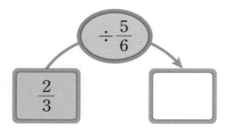

8

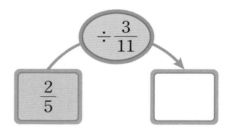

9

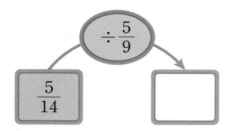

10

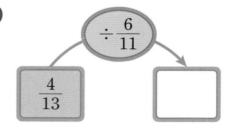

⏰ □ 안에 알맞은 수를 써넣으시오. (11 ~ 18)

11
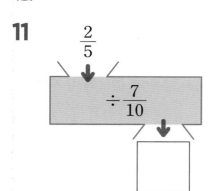

$\dfrac{2}{5}$ ÷ $\dfrac{7}{10}$

12
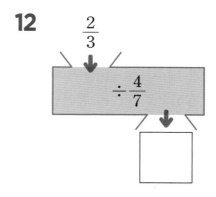

$\dfrac{2}{3}$ ÷ $\dfrac{4}{7}$

13
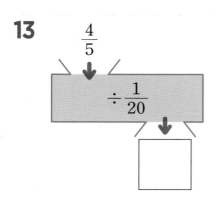

$\dfrac{4}{5}$ ÷ $\dfrac{1}{20}$

14
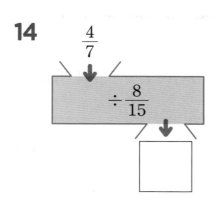

$\dfrac{4}{7}$ ÷ $\dfrac{8}{15}$

15
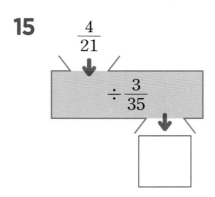

$\dfrac{4}{21}$ ÷ $\dfrac{3}{35}$

16
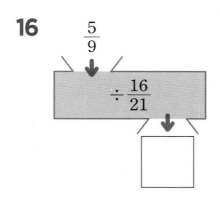

$\dfrac{5}{9}$ ÷ $\dfrac{16}{21}$

17
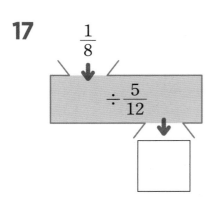

$\dfrac{1}{8}$ ÷ $\dfrac{5}{12}$

18
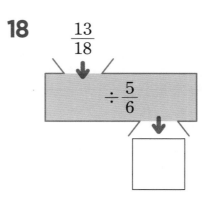

$\dfrac{13}{18}$ ÷ $\dfrac{5}{6}$

- 자연수가 분자의 배수인 경우 자연수를 분수의 분자로 나눈 몫에 분모를 곱하여 계산합니다.

$$6 \div \frac{3}{5} = (6 \div 3) \times 5 = 2 \times 5 = 10$$

- 자연수가 분자의 배수가 아닌 경우 나눗셈을 곱셈으로 바꾸고 나누는 분수의 분모와 분자를 바꾸어 분수의 곱셈으로 고쳐서 계산합니다.

$$6 \div \frac{4}{5} = 6 \times \frac{5}{4} = \frac{30}{4} = \frac{15}{2} = 7\frac{1}{2}$$

$$6 \div \frac{4}{5} = \overset{3}{6} \times \frac{5}{\underset{2}{4}} = \frac{15}{2} = 7\frac{1}{2}$$

🕐 그림을 보고 ☐ 안에 알맞은 수를 써넣으시오. (1~3)

1

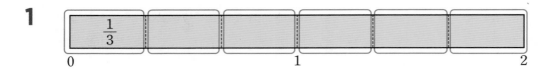

2에서 $\frac{1}{3}$을 6번 덜어낼 수 있습니다. ➡ $2 \div \frac{1}{3} = $ ☐

2

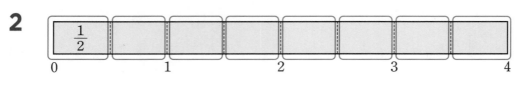

4에서 $\frac{1}{2}$을 ☐번 덜어낼 수 있습니다. ➡ $4 \div \frac{1}{2} = $ ☐

3

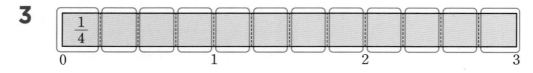

3에서 $\frac{1}{4}$을 ☐번 덜어낼 수 있습니다. ➡ $3 \div \frac{1}{4} = $ ☐

⏰ 그림을 보고 ☐ 안에 알맞은 수를 써넣으시오. (4 ~ 7)

4

2에서 $\frac{2}{3}$를 ☐ 번 덜어낼 수 있습니다. ➡ $2 \div \frac{2}{3} =$ ☐

5

3에서 $\frac{3}{5}$을 ☐ 번 덜어낼 수 있습니다. ➡ $3 \div \frac{3}{5} =$ ☐

6

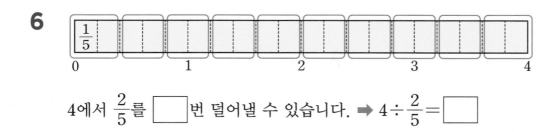

4에서 $\frac{2}{5}$를 ☐ 번 덜어낼 수 있습니다. ➡ $4 \div \frac{2}{5} =$ ☐

7

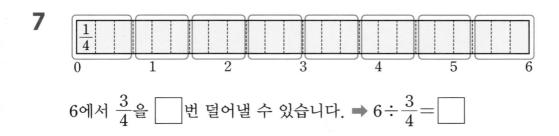

6에서 $\frac{3}{4}$을 ☐ 번 덜어낼 수 있습니다. ➡ $6 \div \frac{3}{4} =$ ☐

3 (자연수)÷(진분수) (2)

⏰ □ 안에 알맞은 수를 써넣으시오. (1~12)

1 $5 \div \frac{1}{4} = (5 \div \square) \times \square$
$= \square \times \square = \square$

2 $2 \div \frac{1}{3} = (2 \div \square) \times \square$
$= \square \times \square = \square$

3 $4 \div \frac{2}{3} = (4 \div \square) \times \square$
$= \square \times \square = \square$

4 $2 \div \frac{2}{5} = (2 \div \square) \times \square$
$= \square \times \square = \square$

5 $6 \div \frac{2}{5} = (6 \div \square) \times \square$
$= \square \times \square = \square$

6 $6 \div \frac{3}{4} = (6 \div \square) \times \square$
$= \square \times \square = \square$

7 $8 \div \frac{4}{7} = (8 \div \square) \times \square$
$= \square \times \square = \square$

8 $8 \div \frac{2}{3} = (8 \div \square) \times \square$
$= \square \times \square = \square$

9 $9 \div \frac{3}{4} = (9 \div \square) \times \square$
$= \square \times \square = \square$

10 $9 \div \frac{3}{8} = (9 \div \square) \times \square$
$= \square \times \square = \square$

11 $10 \div \frac{5}{6} = (10 \div \square) \times \square$
$= \square \times \square = \square$

12 $12 \div \frac{4}{9} = (12 \div \square) \times \square$
$= \square \times \square = \square$

🕐 계산을 하시오. (13 ~ 26)

13 $5 \div \dfrac{1}{3}$

14 $6 \div \dfrac{1}{2}$

15 $4 \div \dfrac{2}{7}$

16 $9 \div \dfrac{3}{5}$

17 $8 \div \dfrac{2}{5}$

18 $6 \div \dfrac{3}{8}$

19 $14 \div \dfrac{7}{8}$

20 $16 \div \dfrac{4}{5}$

21 $8 \div \dfrac{4}{9}$

22 $12 \div \dfrac{2}{3}$

23 $18 \div \dfrac{6}{7}$

24 $20 \div \dfrac{5}{6}$

25 $24 \div \dfrac{4}{5}$

26 $36 \div \dfrac{12}{13}$

3 (자연수) ÷ (진분수) (3)

⏰ □ 안에 알맞은 수를 써넣으시오. (1 ~ 12)

1 $3 \div \dfrac{2}{5} = 3 \times \dfrac{\boxed{}}{2} = \dfrac{\boxed{}}{2} = \boxed{}$

2 $2 \div \dfrac{3}{4} = 2 \times \dfrac{\boxed{}}{3} = \dfrac{\boxed{}}{3} = \boxed{}$

3 $4 \div \dfrac{3}{4} = 4 \times \dfrac{\boxed{}}{3} = \dfrac{\boxed{}}{3} = \boxed{}$

4 $3 \div \dfrac{4}{5} = 3 \times \dfrac{\boxed{}}{4} = \dfrac{\boxed{}}{4} = \boxed{}$

5 $6 \div \dfrac{5}{8} = 6 \times \dfrac{\boxed{}}{\boxed{}} = \dfrac{\boxed{}}{5} = \boxed{}$

6 $5 \div \dfrac{2}{3} = 5 \times \dfrac{\boxed{}}{\boxed{}} = \dfrac{\boxed{}}{2} = \boxed{}$

7 $4 \div \dfrac{6}{7} = 4 \times \dfrac{\boxed{}}{\boxed{}} = \dfrac{\boxed{}}{\boxed{}} = \dfrac{\boxed{}}{3}$
$= \boxed{}$

8 $6 \div \dfrac{4}{7} = 6 \times \dfrac{\boxed{}}{\boxed{}} = \dfrac{\boxed{}}{\boxed{}} = \dfrac{\boxed{}}{2}$
$= \boxed{}$

9 $10 \div \dfrac{8}{9} = 10 \times \dfrac{\boxed{}}{\boxed{}} = \dfrac{\boxed{}}{\boxed{}} = \dfrac{\boxed{}}{4}$
$= \boxed{}$

10 $8 \div \dfrac{6}{7} = 8 \times \dfrac{\boxed{}}{\boxed{}} = \dfrac{\boxed{}}{\boxed{}} = \dfrac{\boxed{}}{3}$
$= \boxed{}$

11 $14 \div \dfrac{4}{5} = 14 \times \dfrac{\boxed{}}{\boxed{}} = \dfrac{\boxed{}}{\boxed{}} = \dfrac{\boxed{}}{2}$
$= \boxed{}$

12 $12 \div \dfrac{9}{10} = 12 \times \dfrac{\boxed{}}{\boxed{}} = \dfrac{\boxed{}}{\boxed{}}$
$= \dfrac{\boxed{}}{3} = \boxed{}$

계산은 빠르고 정확하게!

걸린 시간	1~8분	8~12분	12~16분
맞은 개수	24~26개	19~23개	1~18개
평가	참 잘했어요.	잘했어요.	좀더 노력해요.

🕐 계산을 하시오. (13 ~ 26)

13 $2 \div \dfrac{3}{5}$

14 $3 \div \dfrac{5}{6}$

15 $5 \div \dfrac{2}{7}$

16 $8 \div \dfrac{6}{7}$

17 $5 \div \dfrac{3}{10}$

18 $9 \div \dfrac{4}{5}$

19 $4 \div \dfrac{3}{8}$

20 $10 \div \dfrac{4}{7}$

21 $7 \div \dfrac{9}{10}$

22 $14 \div \dfrac{8}{9}$

23 $11 \div \dfrac{2}{3}$

24 $16 \div \dfrac{12}{13}$

25 $15 \div \dfrac{10}{11}$

26 $18 \div \dfrac{15}{16}$

3 (자연수)÷(진분수) (4)

⏰ 빈 곳에 알맞은 수를 써넣으시오. (1~10)

1
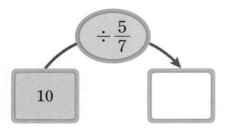
$\div \dfrac{5}{7}$ 10 → □

2
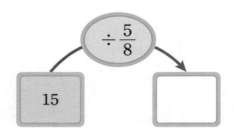
$\div \dfrac{5}{8}$ 15 → □

3
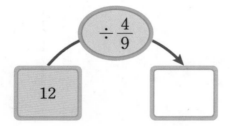
$\div \dfrac{4}{9}$ 12 → □

4
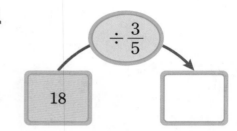
$\div \dfrac{3}{5}$ 18 → □

5
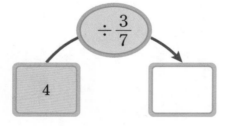
$\div \dfrac{3}{7}$ 4 → □

6
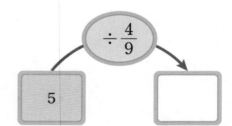
$\div \dfrac{4}{9}$ 5 → □

7
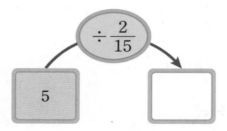
$\div \dfrac{2}{15}$ 5 → □

8
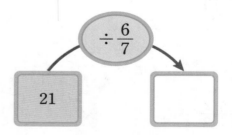
$\div \dfrac{6}{7}$ 21 → □

9
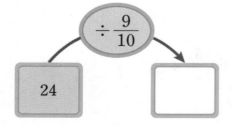
$\div \dfrac{9}{10}$ 24 → □

10
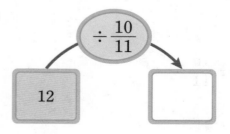
$\div \dfrac{10}{11}$ 12 → □

걸린 시간	1~6분	6~9분	9~12분
맞은 개수	17~18개	13~16개	1~12개
평가	참 잘했어요.	잘했어요.	좀더 노력해요.

⏰ □ 안에 알맞은 수를 써넣으시오. (11 ~ 18)

11
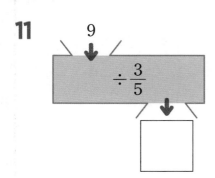

12
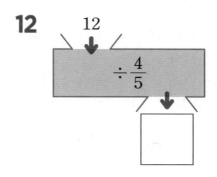

13
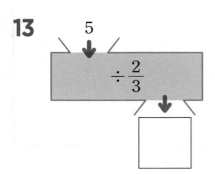

14
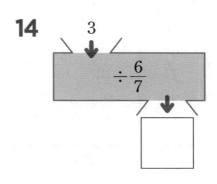

15
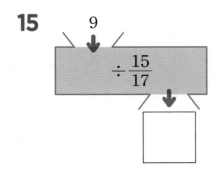

16
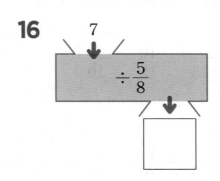

17
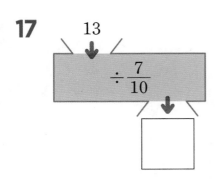

18
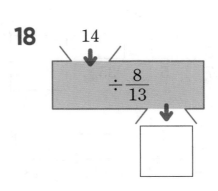

4 (분수)÷(분수)를 계산하기 (1)

⭐ (가분수)÷(분수)

두 분수를 통분하여 계산하거나 나누는 수의 분모와 분자를 바꾸어 분수의 곱셈으로 고쳐서 계산합니다.

$$\frac{5}{3} \div \frac{2}{5} = \frac{25}{15} \div \frac{6}{15} = \frac{25}{6} = 4\frac{1}{6}$$

$$\frac{5}{3} \div \frac{2}{5} = \frac{5}{3} \times \frac{5}{2} = \frac{25}{6} = 4\frac{1}{6}$$

⭐ (대분수)÷(분수)

대분수를 가분수로 고친 후 두 분수를 통분하여 계산하거나 분모와 분자를 바꾸어 분수의 곱셈으로 고쳐서 계산합니다.

$$2\frac{1}{4} \div \frac{2}{3} = \frac{9}{4} \div \frac{2}{3} = \frac{27}{12} \div \frac{8}{12} = \frac{27}{8} = 3\frac{3}{8}$$

$$2\frac{1}{4} \div \frac{2}{3} = \frac{9}{4} \div \frac{2}{3} = \frac{9}{4} \times \frac{3}{2} = \frac{27}{8} = 3\frac{3}{8}$$

🕐 □ 안에 알맞은 수를 써넣으시오. (1~4)

1 $\dfrac{9}{5} \div \dfrac{2}{3} = \dfrac{\boxed{}}{15} \div \dfrac{\boxed{}}{15} = \dfrac{\boxed{}}{10} = \boxed{}$

2 $\dfrac{9}{4} \div \dfrac{3}{5} = \dfrac{\boxed{}}{20} \div \dfrac{12}{20} = \dfrac{\boxed{}}{12} = \dfrac{\boxed{}}{4} = \boxed{}$

3 $\dfrac{8}{7} \div \dfrac{5}{6} = \dfrac{8}{7} \times \dfrac{\boxed{}}{5} = \dfrac{\boxed{}}{35} = \boxed{}$

4 $\dfrac{10}{9} \div \dfrac{4}{5} = \dfrac{10}{9} \times \dfrac{\boxed{}}{4} = \dfrac{\boxed{}}{36} = \dfrac{\boxed{}}{18} = \boxed{}$

계산은 빠르고 정확하게!

걸린 시간	1~6분	6~9분	9~12분
맞은 개수	17~18개	15~16개	1~14개
평가	참 잘했어요.	잘했어요.	좀더 노력해요.

⏰ 계산을 하시오. (5~18)

5 $\dfrac{4}{3} \div \dfrac{1}{2}$

6 $\dfrac{8}{5} \div \dfrac{1}{4}$

7 $\dfrac{7}{6} \div \dfrac{2}{3}$

8 $\dfrac{9}{7} \div \dfrac{3}{8}$

9 $\dfrac{9}{5} \div \dfrac{5}{6}$

10 $\dfrac{5}{3} \div \dfrac{3}{4}$

11 $\dfrac{10}{9} \div \dfrac{5}{6}$

12 $\dfrac{11}{8} \div \dfrac{5}{6}$

13 $\dfrac{8}{5} \div \dfrac{2}{15}$

14 $\dfrac{9}{4} \div \dfrac{7}{8}$

15 $\dfrac{18}{7} \div \dfrac{9}{10}$

16 $\dfrac{25}{8} \div \dfrac{3}{4}$

17 $\dfrac{14}{9} \div \dfrac{5}{7}$

18 $\dfrac{19}{6} \div \dfrac{4}{9}$

4 (분수)÷(분수)를 계산하기 (2)

⏰ □ 안에 알맞은 수를 써넣으시오. (1~7)

1　$1\dfrac{1}{4} \div \dfrac{3}{7} = \dfrac{\Box}{4} \div \dfrac{3}{7} = \dfrac{\Box}{28} \div \dfrac{\Box}{28} = \dfrac{\Box}{\Box} = \Box$

2　$2\dfrac{1}{2} \div \dfrac{2}{3} = \dfrac{\Box}{2} \div \dfrac{2}{3} = \dfrac{\Box}{6} \div \dfrac{\Box}{6} = \dfrac{\Box}{\Box} = \Box$

3　$1\dfrac{2}{9} \div \dfrac{6}{7} = \dfrac{\Box}{9} \div \dfrac{6}{7} = \dfrac{\Box}{63} \div \dfrac{\Box}{63} = \dfrac{\Box}{\Box} = \Box$

4　$1\dfrac{3}{4} \div \dfrac{3}{5} = \dfrac{\Box}{4} \div \dfrac{3}{5} = \dfrac{\Box}{4} \times \dfrac{\Box}{3} = \dfrac{\Box}{12} = \Box$

5　$1\dfrac{5}{9} \div \dfrac{5}{7} = \dfrac{\Box}{9} \div \dfrac{5}{7} = \dfrac{\Box}{9} \times \dfrac{\Box}{5} = \dfrac{\Box}{45} = \Box$

6　$2\dfrac{2}{5} \div \dfrac{3}{4} = \dfrac{\Box}{5} \div \dfrac{3}{4} = \dfrac{\Box}{5} \times \dfrac{\Box}{3} = \dfrac{\Box}{15} = \dfrac{\Box}{5} = \Box$

7　$5\dfrac{1}{2} \div \dfrac{7}{8} = \dfrac{\Box}{2} \div \dfrac{7}{8} = \dfrac{\Box}{2} \times \dfrac{\Box}{7} = \dfrac{\Box}{14} = \dfrac{\Box}{7} = \Box$

⏰ 계산을 하시오. (8~21)

8 $1\dfrac{1}{2} \div \dfrac{1}{6}$

9 $1\dfrac{2}{3} \div \dfrac{5}{6}$

10 $1\dfrac{2}{5} \div \dfrac{2}{3}$

11 $1\dfrac{3}{4} \div \dfrac{5}{6}$

12 $1\dfrac{2}{3} \div \dfrac{3}{4}$

13 $1\dfrac{3}{8} \div \dfrac{3}{5}$

14 $2\dfrac{1}{2} \div \dfrac{3}{8}$

15 $2\dfrac{3}{5} \div \dfrac{4}{7}$

16 $3\dfrac{1}{6} \div \dfrac{2}{3}$

17 $1\dfrac{1}{7} \div \dfrac{7}{9}$

18 $3\dfrac{1}{4} \div \dfrac{5}{7}$

19 $4\dfrac{1}{2} \div \dfrac{4}{7}$

20 $3\dfrac{4}{9} \div \dfrac{5}{6}$

21 $2\dfrac{7}{8} \div \dfrac{7}{10}$

⏰ 계산을 하시오. (1~14)

1 $\dfrac{2}{5} \div \dfrac{5}{4}$

2 $\dfrac{7}{3} \div \dfrac{6}{5}$

3 $\dfrac{6}{7} \div \dfrac{5}{3}$

4 $\dfrac{9}{4} \div \dfrac{3}{2}$

5 $\dfrac{3}{4} \div \dfrac{3}{2}$

6 $\dfrac{7}{6} \div \dfrac{7}{5}$

7 $\dfrac{3}{4} \div \dfrac{14}{5}$

8 $\dfrac{13}{9} \div \dfrac{11}{6}$

9 $\dfrac{5}{8} \div \dfrac{15}{4}$

10 $\dfrac{12}{11} \div \dfrac{6}{5}$

11 $\dfrac{2}{5} \div \dfrac{10}{7}$

12 $\dfrac{11}{4} \div \dfrac{7}{6}$

13 $\dfrac{5}{6} \div \dfrac{11}{8}$

14 $\dfrac{7}{5} \div \dfrac{11}{8}$

🕐 계산을 하시오. (15 ~ 28)

15 $\dfrac{3}{4} \div 1\dfrac{1}{2}$

16 $1\dfrac{1}{4} \div 2\dfrac{1}{7}$

17 $\dfrac{1}{2} \div 1\dfrac{1}{4}$

18 $3\dfrac{1}{3} \div 1\dfrac{2}{7}$

19 $\dfrac{3}{8} \div 2\dfrac{1}{4}$

20 $8\dfrac{1}{4} \div 3\dfrac{2}{3}$

21 $\dfrac{11}{12} \div 1\dfrac{1}{6}$

22 $3\dfrac{3}{8} \div 2\dfrac{1}{4}$

23 $\dfrac{4}{9} \div 3\dfrac{1}{6}$

24 $6\dfrac{3}{4} \div 4\dfrac{1}{5}$

25 $\dfrac{9}{10} \div 1\dfrac{4}{5}$

26 $2\dfrac{3}{8} \div 1\dfrac{1}{6}$

27 $\dfrac{3}{4} \div 3\dfrac{5}{6}$

28 $1\dfrac{5}{8} \div 2\dfrac{1}{4}$

🕐 빈 곳에 알맞은 수를 써넣으시오. (1~10)

1
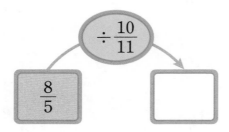
$\dfrac{8}{5}$ $\div \dfrac{10}{11}$

2
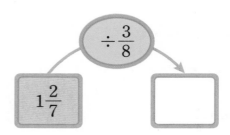
$1\dfrac{2}{7}$ $\div \dfrac{3}{8}$

3
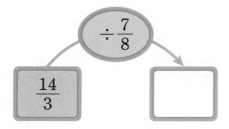
$\dfrac{14}{3}$ $\div \dfrac{7}{8}$

4
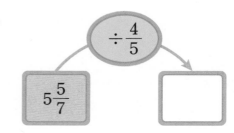
$5\dfrac{5}{7}$ $\div \dfrac{4}{5}$

5
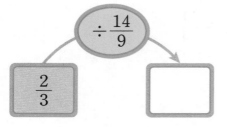
$\dfrac{2}{3}$ $\div \dfrac{14}{9}$

6
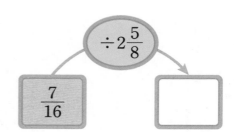
$\dfrac{7}{16}$ $\div 2\dfrac{5}{8}$

7
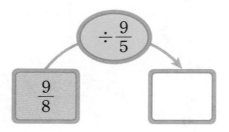
$\dfrac{9}{8}$ $\div \dfrac{9}{5}$

8
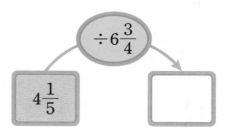
$4\dfrac{1}{5}$ $\div 6\dfrac{3}{4}$

9
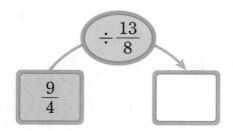
$\dfrac{9}{4}$ $\div \dfrac{13}{8}$

10
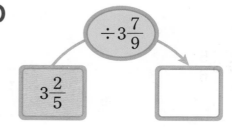
$3\dfrac{2}{5}$ $\div 3\dfrac{7}{9}$

계산은 빠르고 정확하게!

걸린 시간	1~6분	6~9분	9~12분
맞은 개수	17~18개	13~16개	1~12개
평가	참 잘했어요.	잘했어요.	좀더 노력해요.

⏰ ☐ 안에 알맞은 수를 써넣으시오. (11 ~ 18)

11

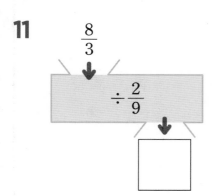

$\dfrac{8}{3}$ ÷ $\dfrac{2}{9}$

12

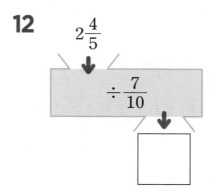

$2\dfrac{4}{5}$ ÷ $\dfrac{7}{10}$

13

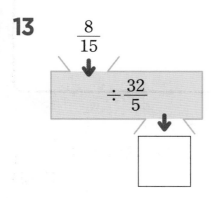

$\dfrac{8}{15}$ ÷ $\dfrac{32}{5}$

14

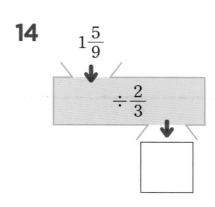

$1\dfrac{5}{9}$ ÷ $\dfrac{2}{3}$

15

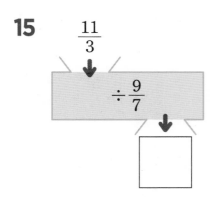

$\dfrac{11}{3}$ ÷ $\dfrac{9}{7}$

16

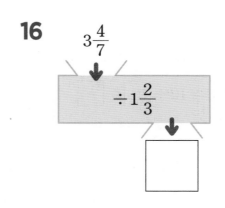

$3\dfrac{4}{7}$ ÷ $1\dfrac{2}{3}$

17

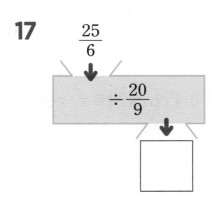

$\dfrac{25}{6}$ ÷ $\dfrac{20}{9}$

18

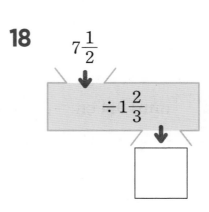

$7\dfrac{1}{2}$ ÷ $1\dfrac{2}{3}$

방법 ① 자연수의 나눗셈을 이용하여 계산하기

$$3.2 \div 0.4 = 8 \implies 32 \div 4 = 8$$

10배 / 10배

방법 ② 분수의 나눗셈으로 고쳐서 계산하기

$$3.2 \div 0.4 = \frac{32}{10} \div \frac{4}{10} = 32 \div 4 = 8$$

방법 ③ 세로셈으로 계산하기

$$0.4 \overline{)3.2} \implies 0.4 \overline{)3.2} \implies 4\overline{)32}$$

⏰ 소수의 나눗셈을 단위 변환을 이용하여 계산하려고 합니다. ☐ 안에 알맞은 수를 써넣으시오.
(1~3)

1 1.2 cm=☐ mm, 0.3 cm=☐ mm이므로 1.2 cm를 0.3 cm씩 자르는 것은

12 mm를 ☐ mm씩 자르는 것과 같습니다.

➡ 1.2÷0.3=12÷☐=☐

2 1.6 cm=☐ mm, 0.2 cm=☐ mm이므로 1.6 cm를 0.2 cm씩 자르는 것은

☐ mm를 ☐ mm씩 자르는 것과 같습니다.

➡ 1.6÷0.2=☐÷☐=☐

3 2.8 cm=☐ mm, 0.4 cm=☐ mm이므로 2.8 cm를 0.4 cm씩 자르는 것은

☐ mm를 ☐ mm씩 자르는 것과 같습니다.

➡ 2.8÷0.4=☐÷☐=☐

⏰ 소수의 나눗셈을 자연수의 나눗셈을 이용하여 계산하려고 합니다. ☐ 안에 알맞은 수를 써넣으시오. (4~11)

4

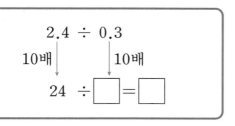

$$2.4 \div 0.3 = \boxed{}$$

5

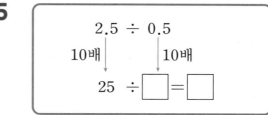

$$2.5 \div 0.5 = \boxed{}$$

6

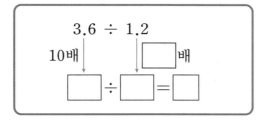

$$3.6 \div 1.2 = \boxed{}$$

7

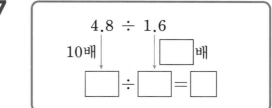

$$4.8 \div 1.6 = \boxed{}$$

8

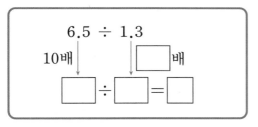

$$6.5 \div 1.3 = \boxed{}$$

9

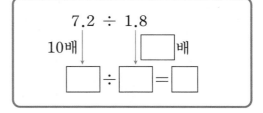

$$7.2 \div 1.8 = \boxed{}$$

10

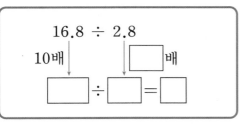

$$16.8 \div 2.8 = \boxed{}$$

11

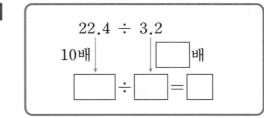

$$22.4 \div 3.2 = \boxed{}$$

⏰ □ 안에 알맞은 수를 써넣으시오. (1~7)

1 $1.8 \div 0.2 = \dfrac{\boxed{}}{10} \div \dfrac{\boxed{}}{10} = \boxed{} \div \boxed{} = \boxed{}$

2 $3.5 \div 0.5 = \dfrac{\boxed{}}{10} \div \dfrac{\boxed{}}{10} = \boxed{} \div \boxed{} = \boxed{}$

3 $4.8 \div 0.8 = \dfrac{\boxed{}}{10} \div \dfrac{\boxed{}}{10} = \boxed{} \div \boxed{} = \boxed{}$

4 $5.5 \div 1.1 = \dfrac{\boxed{}}{10} \div \dfrac{\boxed{}}{10} = \boxed{} \div \boxed{} = \boxed{}$

5 $13.6 \div 1.7 = \dfrac{\boxed{}}{10} \div \dfrac{\boxed{}}{10} = \boxed{} \div \boxed{} = \boxed{}$

6 $21.6 \div 2.4 = \dfrac{\boxed{}}{10} \div \dfrac{\boxed{}}{10} = \boxed{} \div \boxed{} = \boxed{}$

7 $44.8 \div 3.2 = \dfrac{\boxed{}}{10} \div \dfrac{\boxed{}}{10} = \boxed{} \div \boxed{} = \boxed{}$

🕐 **계산을 하시오. (8~23)**

8 $2.4 \div 0.4$

9 $4.2 \div 0.7$

10 $7.2 \div 0.9$

11 $5.4 \div 0.6$

12 $8.4 \div 1.2$

13 $7.5 \div 1.5$

14 $16.8 \div 2.1$

15 $19.6 \div 2.8$

16 $18.5 \div 3.7$

17 $26.4 \div 3.3$

18 $23.8 \div 1.7$

19 $22.4 \div 1.4$

20 $27.5 \div 2.5$

21 $58.5 \div 3.9$

22 $55.2 \div 4.6$

23 $77.7 \div 3.7$

⏰ ☐ 안에 알맞은 수를 써넣으시오. (1~8)

1

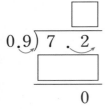

0.9)7.2
0

2

0.7)5.6
0

3

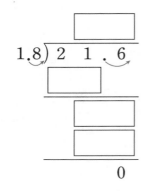

1.8)21.6
0

4

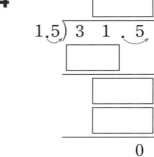

1.5)31.5
0

5

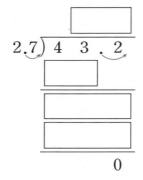

2.7)43.2
0

6

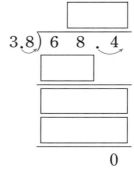

3.8)68.4
0

7

1.9)79.8
0

8

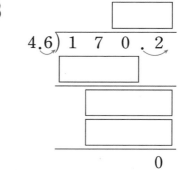

4.6)170.2
0

⏰ 계산을 하시오. (9 ~ 23)

9 $0.2\overline{)1.8}$

10 $0.4\overline{)4.8}$

11 $0.5\overline{)8.5}$

12 $1.3\overline{)10.4}$

13 $1.8\overline{)12.6}$

14 $1.5\overline{)13.5}$

15 $2.5\overline{)7.5}$

16 $3.1\overline{)18.6}$

17 $2.9\overline{)23.2}$

18 $1.8\overline{)30.6}$

19 $2.6\overline{)59.8}$

20 $4.1\overline{)61.5}$

21 $3.5\overline{)66.5}$

22 $4.8\overline{)105.6}$

23 $5.6\overline{)190.4}$

학습 날짜

월   일

⏰ 빈 곳에 알맞은 수를 써넣으시오. (1~10)

1
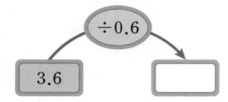
÷0.6
3.6

2
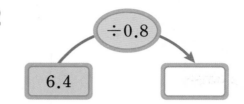
÷0.8
6.4

3
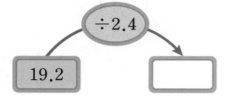
÷2.4
19.2

4
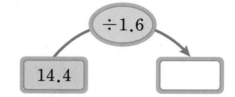
÷1.6
14.4

5
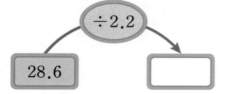
÷2.2
28.6

6
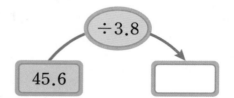
÷3.8
45.6

7
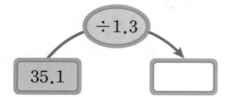
÷1.3
35.1

8
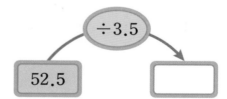
÷3.5
52.5

9
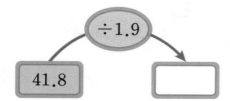
÷1.9
41.8

10
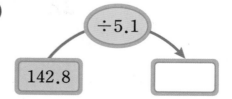
÷5.1
142.8

⏰ □ 안에 알맞은 수를 써넣으시오. (11 ~ 18)

11
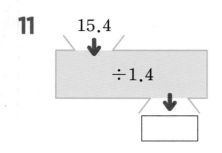

12
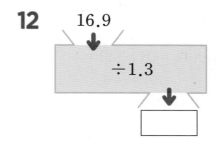

13
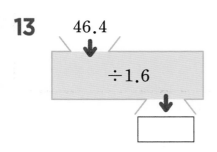

14
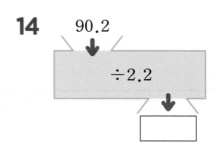

15
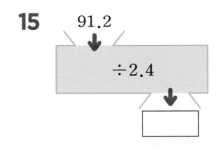

16
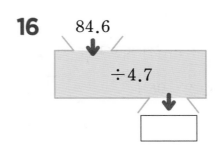

17
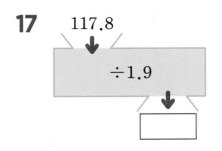

18
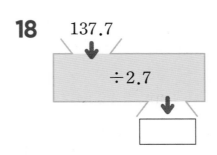

방법 ① 자연수의 나눗셈을 이용하여 계산하기

100배
$$1.68÷0.42=168÷42=4$$
100배

방법 ② 분수의 나눗셈으로 고쳐서 계산하기

$$1.68÷0.42=\frac{168}{100}÷\frac{42}{100}=168÷42=4$$

방법 ③ 세로셈으로 계산하기

$$0.42\overline{)1.68} \;\Rightarrow\; 0.42\overline{)1.68} \;\Rightarrow\; \begin{array}{r} 4 \\ 42\overline{)168} \\ \underline{168} \\ 0 \end{array}$$

🕐 소수의 나눗셈을 단위 변환을 이용하여 계산하려고 합니다. ☐ 안에 알맞은 수를 써넣으시오.
(1~3)

1 0.96 m=☐ cm, 0.12 m=☐ cm이므로 0.96 m를 0.12 m씩 자르는 것은

96 cm를 ☐ cm씩 자르는 것과 같습니다.

➡ 0.96÷0.12=96÷☐=☐

2 2.45 m=☐ cm, 0.35 m=☐ cm이므로 2.45 m를 0.35 m씩 자르는 것은

☐ cm를 ☐ cm씩 자르는 것과 같습니다.

➡ 2.45÷0.35=☐÷☐=☐

3 3.36 m=☐ cm, 0.56 m=☐ cm이므로 3.36 m를 0.56 m씩 자르는 것은

☐ cm를 ☐ cm씩 자르는 것과 같습니다.

➡ 3.36÷0.56=☐÷☐=☐

🕐 소수의 나눗셈을 자연수의 나눗셈을 이용하여 계산하려고 합니다. ☐ 안에 알맞은 수를 써넣으시오. (4 ~ 11)

4

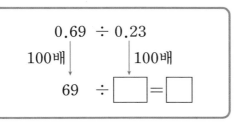

$0.69 \div 0.23 = $ ☐

5

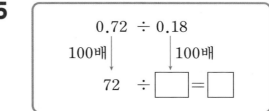

$0.72 \div 0.18 = $ ☐

6

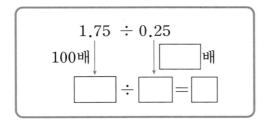

$1.75 \div 0.25 = $ ☐

7

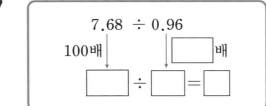

$7.68 \div 0.96 = $ ☐

8

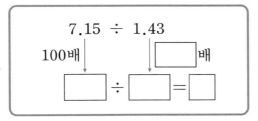

$7.15 \div 1.43 = $ ☐

9

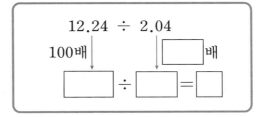

$12.24 \div 2.04 = $ ☐

10

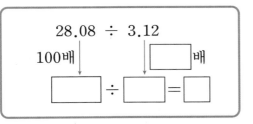

$28.08 \div 3.12 = $ ☐

11

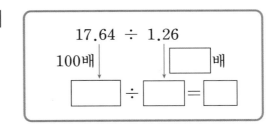

$17.64 \div 1.26 = $ ☐

⏰ ☐ 안에 알맞은 수를 써넣으시오. (1~7)

1 $0.96 \div 0.24 = \dfrac{\boxed{}}{100} \div \dfrac{\boxed{}}{100} = \boxed{} \div \boxed{} = \boxed{}$

2 $2.32 \div 0.58 = \dfrac{\boxed{}}{100} \div \dfrac{\boxed{}}{100} = \boxed{} \div \boxed{} = \boxed{}$

3 $6.72 \div 0.96 = \dfrac{\boxed{}}{100} \div \dfrac{\boxed{}}{100} = \boxed{} \div \boxed{} = \boxed{}$

4 $12.64 \div 1.58 = \dfrac{\boxed{}}{100} \div \dfrac{\boxed{}}{100} = \boxed{} \div \boxed{} = \boxed{}$

5 $11.82 \div 1.97 = \dfrac{\boxed{}}{100} \div \dfrac{\boxed{}}{100} = \boxed{} \div \boxed{} = \boxed{}$

6 $27.94 \div 2.54 = \dfrac{\boxed{}}{100} \div \dfrac{\boxed{}}{100} = \boxed{} \div \boxed{} = \boxed{}$

7 $40.82 \div 3.14 = \dfrac{\boxed{}}{100} \div \dfrac{\boxed{}}{100} = \boxed{} \div \boxed{} = \boxed{}$

계산은 빠르고 정확하게!

걸린 시간	1~8분	8~12분	12~16분
맞은 개수	21~23개	17~20개	1~16개
평가	참 잘했어요.	잘했어요.	좀더 노력해요.

⏰ 계산을 하시오. (8~23)

8 $0.68 \div 0.17$

9 $2.08 \div 0.26$

10 $2.88 \div 0.96$

11 $5.74 \div 0.82$

12 $7.04 \div 0.44$

13 $8.12 \div 0.58$

14 $5.64 \div 0.47$

15 $12.48 \div 0.52$

16 $8.16 \div 1.02$

17 $6.48 \div 2.16$

18 $20.95 \div 4.19$

19 $43.75 \div 6.25$

20 $29.04 \div 1.32$

21 $34.24 \div 2.14$

22 $30.25 \div 2.75$

23 $83.72 \div 3.64$

6 (소수 두 자리 수)÷(소수 두 자리 수)(3)

⏰ ☐ 안에 알맞은 수를 써넣으시오. (1~8)

1

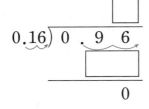

$$0.16 \overline{)\ 0\ .\ 9\ 6}$$

2

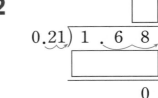

$$0.21 \overline{)\ 1\ .\ 6\ 8}$$

3

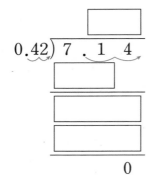

$$0.42 \overline{)\ 7\ .\ 1\ 4}$$

4

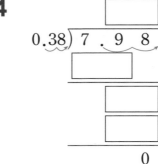

$$0.38 \overline{)\ 7\ .\ 9\ 8}$$

5

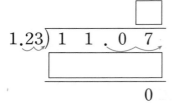

$$1.23 \overline{)\ 1\ 1\ .\ 0\ 7}$$

6

$$5.97 \overline{)\ 4\ 1\ .\ 7\ 9}$$

7

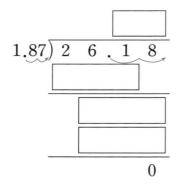

$$1.87 \overline{)\ 2\ 6\ .\ 1\ 8}$$

8

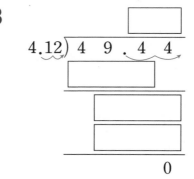

$$4.12 \overline{)\ 4\ 9\ .\ 4\ 4}$$

⏰ 계산을 하시오. (9 ~ 23)

9
$0.11\overline{)0.88}$

10
$0.63\overline{)3.15}$

11
$0.91\overline{)5.46}$

12
$0.12\overline{)2.52}$

13
$0.54\overline{)9.72}$

14
$0.48\overline{)15.36}$

15
$1.93\overline{)13.51}$

16
$3.65\overline{)18.25}$

17
$6.12\overline{)24.48}$

18
$2.01\overline{)26.13}$

19
$1.32\overline{)36.96}$

20
$3.54\overline{)42.48}$

21
$5.11\overline{)76.65}$

22
$4.63\overline{)83.34}$

23
$7.12\overline{)256.32}$

6 (소수 두 자리 수)÷(소수 두 자리 수)(4)

⏰ 빈 곳에 알맞은 수를 써넣으시오. (1~10)

1
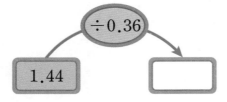

1.44 ÷0.36

2
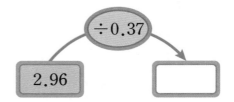

2.96 ÷0.37

3
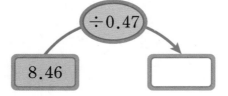

8.46 ÷0.47

4
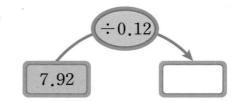

7.92 ÷0.12

5
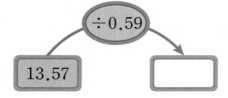

13.57 ÷0.59

6
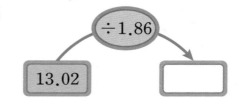

13.02 ÷1.86

7
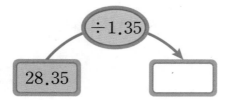

28.35 ÷1.35

8
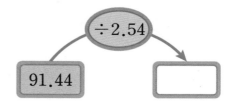

91.44 ÷2.54

9
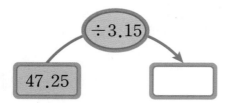

47.25 ÷3.15

10

58.56 ÷4.88

⏰ □ 안에 알맞은 수를 써넣으시오. (11 ~ 18)

11
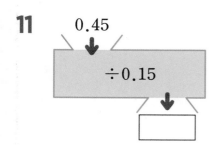
0.45

÷0.15

12
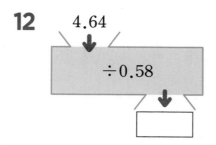
4.64

÷0.58

13
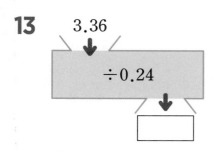
3.36

÷0.24

14
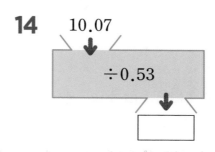
10.07

÷0.53

15
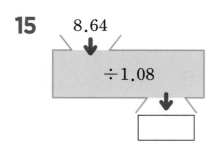
8.64

÷1.08

16
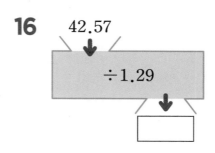
42.57

÷1.29

17
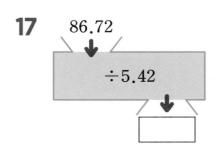
86.72

÷5.42

18
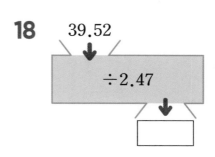
39.52

÷2.47

7 자릿수가 다른 (소수)÷(소수)(1)

방법① 나누어지는 소수를 자연수로 고쳐서 계산합니다.

$$1.2\overline{)1.56} \;\Rightarrow\; 1.20\overline{)1.56} \;\Rightarrow\; 120\overline{)156.0}$$

$$\begin{array}{r} 1.3 \\ 120\overline{)156.0} \\ \underline{120} \\ 36\;0 \\ \underline{36\;0} \\ 0 \end{array}$$

방법② 나누는 소수를 자연수로 고쳐서 계산합니다.

$$1.2\overline{)1.56} \;\Rightarrow\; 1.2\overline{)1.56} \;\Rightarrow\; 12\overline{)15.6}$$

$$\begin{array}{r} 1.3 \\ 12\overline{)15.6} \\ \underline{12} \\ 3\;6 \\ \underline{3\;6} \\ 0 \end{array}$$

자릿수가 다른 (소수)÷(소수)의 계산은 나누는 수와 나누어지는 수의 소수점을 오른쪽으로 똑같이 옮겨서 계산합니다.

🕐 ☐ 안에 알맞은 수를 써넣으시오. (1~3)

1

　　　　　100배
$$0.35 \div 0.5 \;\Rightarrow\; 35 \div 50 = \boxed{}$$
　　　　　100배

　　　　　10배
$$0.35 \div 0.5 \;\Rightarrow\; 3.5 \div 5 = \boxed{}$$
　　　　　10배

2

　　　　　100배
$$0.96 \div 0.8 \;\Rightarrow\; 96 \div 80 = \boxed{}$$
　　　　　100배

　　　　　10배
$$0.96 \div 0.8 \;\Rightarrow\; 9.6 \div 8 = \boxed{}$$
　　　　　10배

3

　　　　　100배
$$2.08 \div 1.6 \;\Rightarrow\; 208 \div 160 = \boxed{}$$
　　　　　100배

　　　　　10배
$$2.08 \div 1.6 \;\Rightarrow\; 20.8 \div 16 = \boxed{}$$
　　　　　10배

⏰ □ 안에 알맞은 수를 써넣으시오. (4 ~ 7)

4

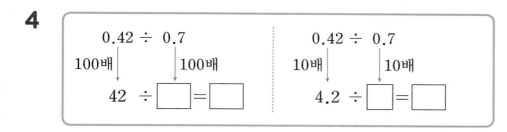

$$0.42 \div 0.7 = \boxed{}$$

5

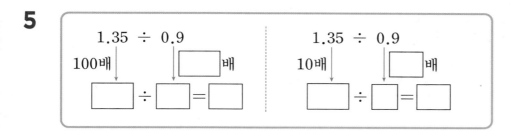

$$1.35 \div 0.9 = \boxed{}$$

6

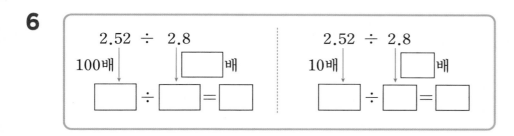

$$2.52 \div 2.8 = \boxed{}$$

7

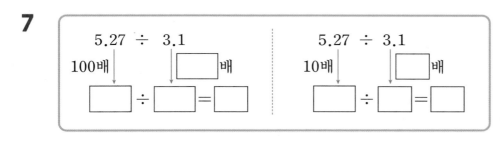

$$5.27 \div 3.1 = \boxed{}$$

7 자릿수가 다른 (소수)÷(소수)(2)

⏰ ☐ 안에 알맞은 수를 써넣으시오. (1~5)

1

$0.63 \div 0.9 = \dfrac{\boxed{}}{100} \div \dfrac{\boxed{}}{100} = \boxed{} \div \boxed{} = \boxed{}$

$0.63 \div 0.9 = \dfrac{\boxed{}}{10} \div \dfrac{\boxed{}}{10} = \boxed{} \div \boxed{} = \boxed{}$

2

$1.26 \div 0.6 = \dfrac{\boxed{}}{100} \div \dfrac{\boxed{}}{100} = \boxed{} \div \boxed{} = \boxed{}$

$1.26 \div 0.6 = \dfrac{\boxed{}}{10} \div \dfrac{\boxed{}}{10} = \boxed{} \div \boxed{} = \boxed{}$

3

$1.54 \div 1.4 = \dfrac{\boxed{}}{100} \div \dfrac{\boxed{}}{100} = \boxed{} \div \boxed{} = \boxed{}$

$1.54 \div 1.4 = \dfrac{\boxed{}}{10} \div \dfrac{\boxed{}}{10} = \boxed{} \div \boxed{} = \boxed{}$

4

$3.92 \div 2.8 = \dfrac{\boxed{}}{100} \div \dfrac{\boxed{}}{100} = \boxed{} \div \boxed{} = \boxed{}$

$3.92 \div 2.8 = \dfrac{\boxed{}}{10} \div \dfrac{\boxed{}}{10} = \boxed{} \div \boxed{} = \boxed{}$

5

$18.88 \div 5.9 = \dfrac{\boxed{}}{100} \div \dfrac{\boxed{}}{100} = \boxed{} \div \boxed{} = \boxed{}$

$18.88 \div 5.9 = \dfrac{\boxed{}}{10} \div \dfrac{\boxed{}}{10} = \boxed{} \div \boxed{} = \boxed{}$

⏰ 계산을 하시오. (6~21)

6 $0.16 \div 0.2$

7 $0.32 \div 0.4$

8 $1.12 \div 0.7$

9 $2.08 \div 0.8$

10 $2.15 \div 0.5$

11 $3.12 \div 0.6$

12 $0.72 \div 1.8$

13 $1.15 \div 2.3$

14 $10.08 \div 3.6$

15 $7.79 \div 1.9$

16 $17.85 \div 5.1$

17 $26.68 \div 4.6$

18 $20.52 \div 7.6$

19 $37.26 \div 8.1$

20 $63.18 \div 11.7$

21 $115.62 \div 9.4$

학습 날짜

월   일

⏰ □ 안에 알맞은 수를 써넣으시오. (1~4)

1

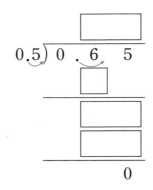

$0.5\overline{)0.65}$ ➡ $0.50\overline{)0.650}$

$0.5\overline{)0.65}$

2

$0.9\overline{)3.42}$ ➡ $0.90\overline{)3.420}$

$0.9\overline{)3.42}$

3

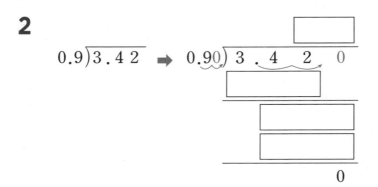

$2.7\overline{)11.34}$ ➡ $2.70\overline{)11.340}$

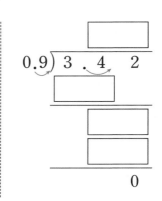

$2.7\overline{)11.34}$

4

$6.5\overline{)34.45}$ ➡ $6.50\overline{)34.450}$

$6.5\overline{)34.45}$

계산은 빠르고 정확하게!

걸린 시간	1~6분	6~9분	9~12분
맞은 개수	18~19개	14~17개	1~13개
평가	참 잘했어요.	잘했어요.	좀더 노력해요.

⏰ 계산을 하시오. (5~19)

5 0.4)0.4 8

6 0.6)1.3 8

7 0.7)2.2 4

8 0.5)2.3 5

9 0.3)2.2 5

10 0.8)4.7 2

11 1.1)2.4 2

12 1.9)7.7 9

13 2.8)10.0 8

14 5.3)14.8 4

15 3.1)11.1 6

16 8.7)51.3 3

17 7.6)66.8 8

18 9.2)103.9 6

19 12.1)42.3 5

자릿수가 다른 (소수)÷(소수)(4)

⏰ 빈 곳에 알맞은 수를 써넣으시오. (1~10)

1

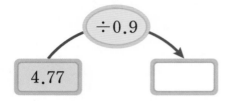

4.77   ÷0.9

2

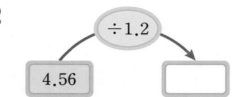

4.56   ÷1.2

3

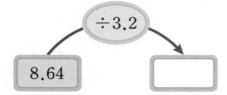

8.64   ÷3.2

4

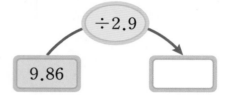

9.86   ÷2.9

5

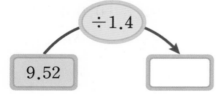

9.52   ÷1.4

6

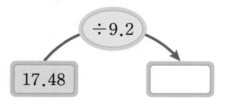

17.48   ÷9.2

7

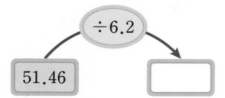

51.46   ÷6.2

8

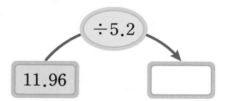

11.96   ÷5.2

9

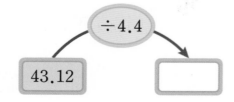

43.12   ÷4.4

10

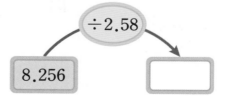

8.256   ÷2.58

계산은 빠르고 정확하게!

걸린 시간	1~8분	8~12분	12~16분
맞은 개수	17~18개	13~16개	1~12개
평가	참 잘했어요.	잘했어요.	좀더 노력해요.

⏰ ☐ 안에 알맞은 수를 써넣으시오. (11 ~ 18)

11
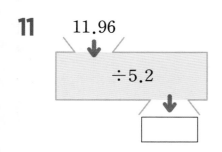
11.96
÷5.2

12
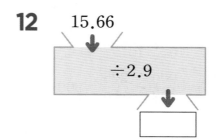
15.66
÷2.9

13
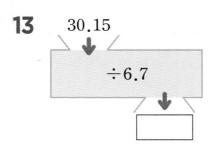
30.15
÷6.7

14
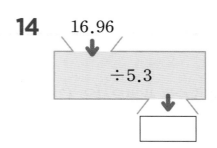
16.96
÷5.3

15
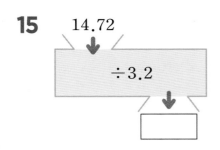
14.72
÷3.2

16
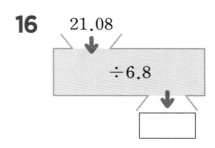
21.08
÷6.8

17
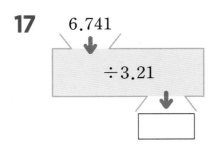
6.741
÷3.21

18
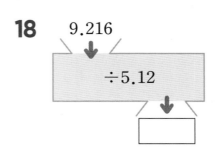
9.216
÷5.12

8 (자연수)÷(소수)(1)

방법 ① 분수의 나눗셈으로 고쳐서 계산하기

$$7 \div 1.4 = \frac{70}{10} \div \frac{14}{10} = 70 \div 14 = 5$$

$$9 \div 2.25 = \frac{900}{100} \div \frac{225}{100} = 900 \div 225 = 4$$

방법 ② 세로셈으로 계산하기

$$1.4 \overline{)7} \quad \Rightarrow \quad 1.4 \overline{)7.0} \atop \begin{array}{r} 5 \\ \underline{7\ 0} \\ 0 \end{array}$$

$$2.25 \overline{)9} \quad \Rightarrow \quad 2.25 \overline{)9.00} \atop \begin{array}{r} 4 \\ \underline{9\ 00} \\ 0 \end{array}$$

⏰ ☐ 안에 알맞은 수를 써넣으시오. (1~4)

1

10배

$6 \div 1.2 \quad \Rightarrow \quad 60 \div 12 = \boxed{}$

10배

$6 \div 1.2 = \boxed{}$

2

10배

$15 \div 2.5 \quad \Rightarrow \quad 150 \div 25 = \boxed{}$

10배

$15 \div 2.5 = \boxed{}$

3

100배

$5 \div 1.25 \quad \Rightarrow \quad 500 \div 125 = \boxed{}$

100배

$5 \div 1.25 = \boxed{}$

4

100배

$22 \div 2.75 \quad \Rightarrow \quad 2200 \div 275 = \boxed{}$

100배

$22 \div 2.75 = \boxed{}$

⏰ □ 안에 알맞은 수를 써넣으시오. (5~12)

5

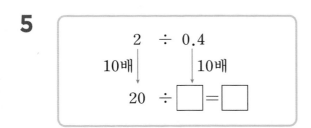

$2 \div 0.4 = \boxed{}$

6

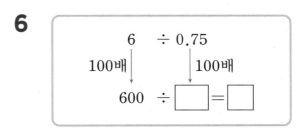

$6 \div 0.75 = \boxed{}$

7

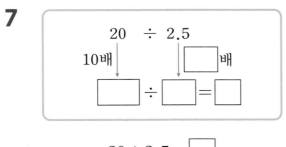

$20 \div 2.5 = \boxed{}$

8

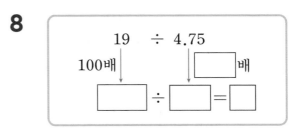

$19 \div 4.75 = \boxed{}$

9

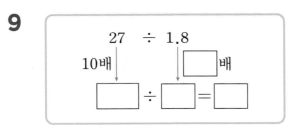

$27 \div 1.8 = \boxed{}$

10

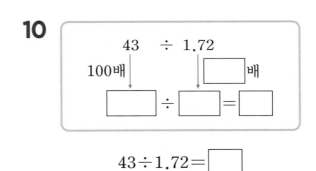

$43 \div 1.72 = \boxed{}$

11

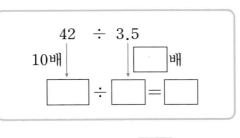

$42 \div 3.5 = \boxed{}$

12

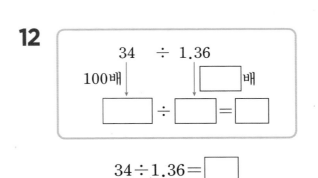

$34 \div 1.36 = \boxed{}$

⏰ □ 안에 알맞은 수를 써넣으시오. (1~12)

1 $12 \div 0.8 = \dfrac{\boxed{}}{10} \div \dfrac{\boxed{}}{10}$

$= \boxed{} \div \boxed{} = \boxed{}$

2 $6 \div 0.5 = \dfrac{\boxed{}}{10} \div \dfrac{\boxed{}}{10}$

$= \boxed{} \div \boxed{} = \boxed{}$

3 $21 \div 3.5 = \dfrac{\boxed{}}{10} \div \dfrac{\boxed{}}{10}$

$= \boxed{} \div \boxed{} = \boxed{}$

4 $16 \div 3.2 = \dfrac{\boxed{}}{10} \div \dfrac{\boxed{}}{10}$

$= \boxed{} \div \boxed{} = \boxed{}$

5 $55 \div 2.5 = \dfrac{\boxed{}}{10} \div \dfrac{\boxed{}}{10}$

$= \boxed{} \div \boxed{} = \boxed{}$

6 $14 \div 3.5 = \dfrac{\boxed{}}{10} \div \dfrac{\boxed{}}{10}$

$= \boxed{} \div \boxed{} = \boxed{}$

7 $72 \div 1.8 = \dfrac{\boxed{}}{10} \div \dfrac{\boxed{}}{10}$

$= \boxed{} \div \boxed{} = \boxed{}$

8 $70 \div 2.8 = \dfrac{\boxed{}}{10} \div \dfrac{\boxed{}}{10}$

$= \boxed{} \div \boxed{} = \boxed{}$

9 $13 \div 0.52 = \dfrac{\boxed{}}{100} \div \dfrac{\boxed{}}{100}$

$= \boxed{} \div \boxed{} = \boxed{}$

10 $54 \div 2.25 = \dfrac{\boxed{}}{100} \div \dfrac{\boxed{}}{100}$

$= \boxed{} \div \boxed{} = \boxed{}$

11 $42 \div 1.75 = \dfrac{\boxed{}}{100} \div \dfrac{\boxed{}}{100}$

$= \boxed{} \div \boxed{} = \boxed{}$

12 $68 \div 2.72 = \dfrac{\boxed{}}{100} \div \dfrac{\boxed{}}{100}$

$= \boxed{} \div \boxed{} = \boxed{}$

⏰ 계산을 하시오. (13 ~ 28)

13 $4 \div 0.5$

14 $3 \div 0.25$

15 $3 \div 0.6$

16 $12 \div 0.75$

17 $20 \div 0.8$

18 $23 \div 0.92$

19 $7 \div 1.4$

20 $30 \div 1.25$

21 $34 \div 1.7$

22 $86 \div 1.72$

23 $63 \div 4.5$

24 $63 \div 2.52$

25 $130 \div 5.2$

26 $93 \div 3.72$

27 $306 \div 8.5$

28 $142 \div 2.84$

8 (자연수)÷(소수)(3)

⏰ □ 안에 알맞은 수를 써넣으시오. (1~8)

1

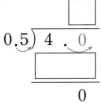

2

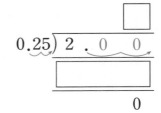

3

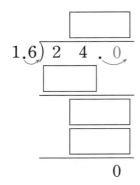

4

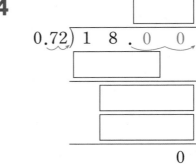

5

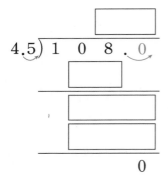

6

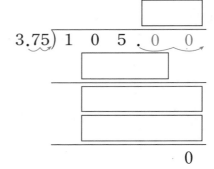

7

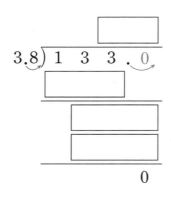

8

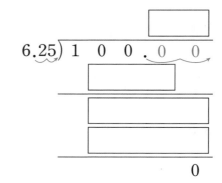

⏰ 계산을 하시오. (9~23)

9
$0.6{\overline{)21}}$

10
$0.8{\overline{)60}}$

11
$0.5{\overline{)23}}$

12
$1.8{\overline{)45}}$

13
$6.6{\overline{)99}}$

14
$7.5{\overline{)90}}$

15
$3.8{\overline{)19}}$

16
$1.6{\overline{)56}}$

17
$1.9{\overline{)76}}$

18
$0.36{\overline{)27}}$

19
$4.25{\overline{)34}}$

20
$1.25{\overline{)35}}$

21
$5.72{\overline{)143}}$

22
$9.75{\overline{)312}}$

23
$3.45{\overline{)207}}$

⏰ 빈 곳에 알맞은 수를 써넣으시오. (1~10)

1
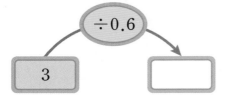
3 ÷0.6

2
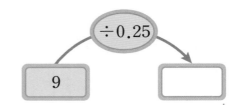
9 ÷0.25

3
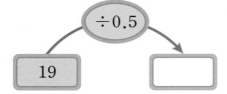
19 ÷0.5

4
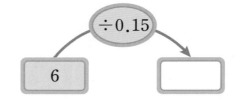
6 ÷0.15

5
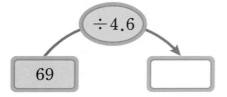
69 ÷4.6

6
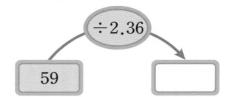
59 ÷2.36

7
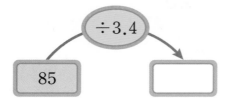
85 ÷3.4

8
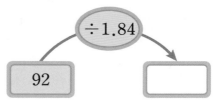
92 ÷1.84

9
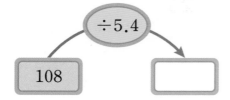
108 ÷5.4

10
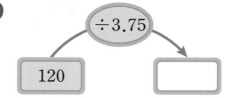
120 ÷3.75

계산은 빠르고 정확하게!

걸린 시간	1~6분	6~9분	9~12분
맞은 개수	17~18개	13~16개	1~12개
평가	참 잘했어요.	잘했어요.	좀더 노력해요.

⏰ ☐ 안에 알맞은 수를 써넣으시오. (11~18)

11
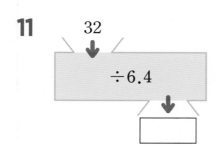
32
÷6.4

12
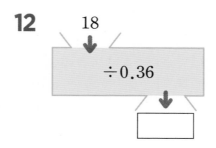
18
÷0.36

13
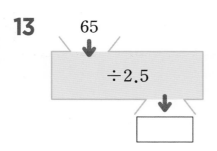
65
÷2.5

14
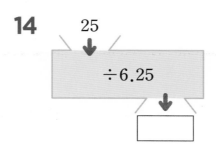
25
÷6.25

15
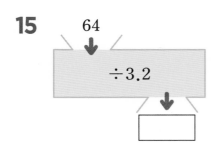
64
÷3.2

16
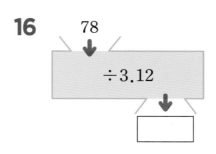
78
÷3.12

17
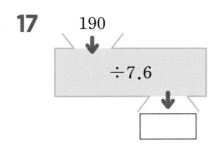
190
÷7.6

18
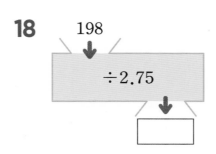
198
÷2.75

⭐ **몫을 반올림하여 나타내기**

```
      2.3 6 6
  3)7.1 0 0
    6
    ───
    1 1
      9
    ───
      2 0
      1 8
    ───
        2 0
        1 8
      ───
          2
```

• 몫을 반올림하여 자연수로 나타내면
  $7.1 \div 3 = 2.3 \cdots$ ➡ 2입니다.
• 몫을 반올림하여 소수 첫째 자리까지 나타내면
  $7.1 \div 3 = 2.36 \cdots$ ➡ 2.4입니다.
• 몫을 반올림하여 소수 둘째 자리까지 나타내면
  $7.1 \div 3 = 2.366 \cdots$ ➡ 2.37입니다.

⏰ 몫을 반올림하여 자연수로 나타내시오. (1~8)

1

$9.8 \div 3.3$

(   )

2

$7.8 \div 1.4$

(   )

3

$6.5 \div 1.9$

(   )

4

$5.6 \div 1.2$

(   )

5

$13.75 \div 4.2$

(   )

6

$15.49 \div 3.6$

(   )

7

$19.87 \div 2.9$

(   )

8

$68.91 \div 5.8$

(   )

계산은 빠르고 정확하게!

걸린 시간	1~6분	6~9분	9~12분
맞은 개수	17~18개	13~16개	1~12개
평가	참 잘했어요.	잘했어요.	좀더 노력해요.

⏰ 몫을 반올림하여 자연수로 나타내시오. (9~18)

9 $3\overline{)4.9}$ ➡ ( )

10 $7\overline{)25.8}$ ➡ ( )

11 $1.5\overline{)16.8}$ ➡ ( )

12 $2.7\overline{)24.9}$ ➡ ( )

13 $5.8\overline{)21.8}$ ➡ ( )

14 $3.6\overline{)49.7}$ ➡ ( )

15 $4.1\overline{)32.15}$ ➡ ( )

16 $5.7\overline{)69.84}$ ➡ ( )

17 $3.9\overline{)70.27}$ ➡ ( )

18 $6.1\overline{)98.62}$ ➡ ( )

9 몫을 반올림하여 나타내기(2)

⏰ 몫을 반올림하여 소수 첫째 자리까지 나타내시오. (1~12)

1
$5.2 \div 3$

(   )

2
$9.6 \div 7$

(   )

3
$12.7 \div 4.1$

(   )

4
$21.8 \div 5.3$

(   )

5
$30.7 \div 2.6$

(   )

6
$29.9 \div 3.9$

(   )

7
$9.64 \div 1.4$

(   )

8
$5.05 \div 2.1$

(   )

9
$14.76 \div 5.9$

(   )

10
$28.42 \div 7.2$

(   )

11
$124 \div 6.3$

(   )

12
$265 \div 9.7$

(   )

🕐 몫을 반올림하여 소수 첫째 자리까지 나타내시오. (13 ~ 22)

13 $9\overline{)11.4}$ ➡ (   )   **14** $11\overline{)26.5}$ ➡ (   )

15 $1.3\overline{)18.6}$ ➡ (   )   **16** $6.9\overline{)31.8}$ ➡ (   )

17 $1.28\overline{)24.87}$ ➡ (   )   **18** $7.5\overline{)36.57}$ ➡ (   )

19 $5.1\overline{)18.04}$ ➡ (   )   **20** $7.8\overline{)24.94}$ ➡ (   )

21 $5.7\overline{)158}$ ➡ (   )   **22** $9.4\overline{)369}$ ➡ (   )

9 몫을 반올림하여 나타내기 (3)

⏰ 몫을 반올림하여 소수 둘째 자리까지 나타내시오. (1~12)

1
9.4÷6

(   )

2
10.8÷17

(   )

3
8.4÷1.1

(   )

4
6.9÷1.8

(   )

5
14.7÷5.8

(   )

6
26.7÷3.1

(   )

7
35.82÷6.24

(   )

8
42.59÷7.62

(   )

9
20.54÷5.6

(   )

10
29.87÷4.8

(   )

11
88÷7.9

(   )

12
96÷6.9

(   )

계산은 빠르고 정확하게!

걸린 시간	1~20분	20~25분	25~30분
맞은 개수	20~22개	16~19개	1~15개
평가	참 잘했어요.	잘했어요.	좀더 노력해요.

⏰ 몫을 반올림하여 소수 둘째 자리까지 나타내시오. (13 ~ 22)

13 $9 \overline{)11.8}$ ➡ (   )

14 $15 \overline{)15.7}$ ➡ (   )

15 $9.4 \overline{)26.8}$ ➡ (   )

16 $7.8 \overline{)36.1}$ ➡ (   )

17 $1.23 \overline{)5.97}$ ➡ (   )

18 $1.78 \overline{)6.25}$ ➡ (   )

19 $3.3 \overline{)9.87}$ ➡ (   )

20 $9.2 \overline{)18.76}$ ➡ (   )

21 $8.4 \overline{)57}$ ➡ (   )

22 $6.4 \overline{)73}$ ➡ (   )

10 나누어 주고 남은 양 알아보기(1)

나눗셈의 몫을 자연수 부분까지 구하고 나누어지는 수의 소수점의 위치에 맞게 남는 수의 소수점을 찍습니다.

$$
\begin{array}{r}
3 \\
4\,)\overline{12.3} \\
12 \\
\hline
0.3
\end{array}
$$

몫: 3

남는 수: 0.3

---

1 주스 18.5 L를 3 L짜리 그릇에 가득 담아 여러 사람에게 나누어 주려고 합니다. 나누어 줄 수 있는 사람 수와 남은 주스의 양은 얼마인지 알아보시오.

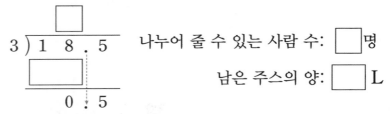

나누어 줄 수 있는 사람 수: ☐명

남은 주스의 양: ☐L

---

2 설탕 65.7 kg을 한 사람에게 4 kg씩 나누어 주려고 합니다. 나누어 줄 수 있는 사람 수와 남은 설탕의 양을 알아보시오.

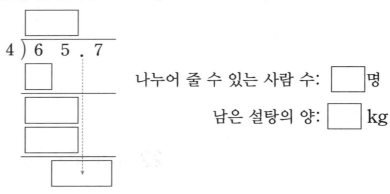

나누어 줄 수 있는 사람 수: ☐명

남은 설탕의 양: ☐kg

나눗셈의 몫을 자연수 부분까지 구하고 남는 수를 구하려고 합니다. □ 안에 알맞은 수를 써넣으시오. (3 ~ 10)

3
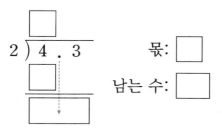
몫: □
남는 수: □

4
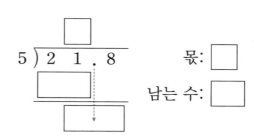
몫: □
남는 수: □

5
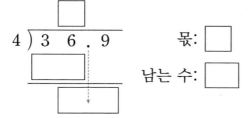
몫: □
남는 수: □

6
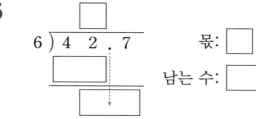
몫: □
남는 수: □

7
$8\,)\,6\;5\,.\,1$
몫: □
남는 수: □

8
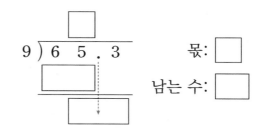
몫: □
남는 수: □

9
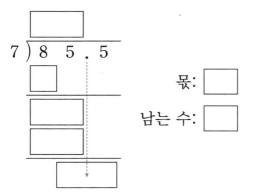
몫: □
남는 수: □

10
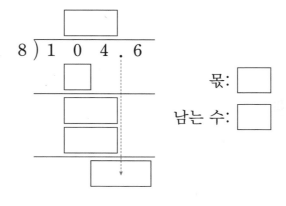
몫: □
남는 수: □

10 나누어 주고 남은 양 알아보기(2)

학습 날짜

월   일

🕐 나눗셈의 몫을 자연수 부분까지 구하고 남는 수를 구하시오. (1~10)

1
$4\overline{)8.2}$
몫: ☐
남는 수: ☐

2
$6\overline{)18.9}$
몫: ☐
남는 수: ☐

3
$7\overline{)50.1}$
몫: ☐
남는 수: ☐

4
$8\overline{)45.5}$
몫: ☐
남는 수: ☐

5
$9\overline{)81.2}$
몫: ☐
남는 수: ☐

6
$5\overline{)46.3}$
몫: ☐
남는 수: ☐

7
$3\overline{)94.7}$
몫: ☐
남는 수: ☐

8
$6\overline{)90.8}$
몫: ☐
남는 수: ☐

9
$12\overline{)49.6}$
몫: ☐
남는 수: ☐

10
$15\overline{)121.3}$
몫: ☐
남는 수: ☐

계산은 빠르고 정확하게!

걸린 시간	1~5분	5~8분	8~10분
맞은 개수	18~20개	14~17개	1~13개
평가	참 잘했어요.	잘했어요.	좀더 노력해요.

⏰ 나눗셈의 몫을 자연수 부분까지 구하고 남는 수를 구하시오. (11 ~ 20)

11

$6.9 \div 2$

몫: ☐
남는 수: ☐

12

$9.6 \div 3$

몫: ☐
남는 수: ☐

13

$55.6 \div 6$

몫: ☐
남는 수: ☐

14

$41.2 \div 5$

몫: ☐
남는 수: ☐

15

$57.1 \div 8$

몫: ☐
남는 수: ☐

16

$65.3 \div 9$

몫: ☐
남는 수: ☐

17

$85.7 \div 4$

몫: ☐
남는 수: ☐

18

$78.2 \div 7$

몫: ☐
남는 수: ☐

19

$105.9 \div 13$

몫: ☐
남는 수: ☐

20

$218.5 \div 18$

몫: ☐
남는 수: ☐

신기한 연산

⏰ 주어진 두 식이 성립할 때 ■와 ▲에 알맞은 자연수를 각각 구하시오. **(1~2)**

1

$$\frac{■}{5} \div \frac{3}{5} = \frac{2}{3} \qquad \frac{▲}{9} \div \frac{■}{9} = 3\frac{1}{2}$$

■ = ☐, ▲ = ☐

2

$$\frac{3}{8} \div \frac{■}{8} = \frac{3}{7} \qquad \frac{■}{10} \div \frac{▲}{10} = 2\frac{1}{3}$$

■ = ☐, ▲ = ☐

⏰ 다음 나눗셈의 몫은 자연수입니다. 보기 를 참고하여 ■ 안에 들어갈 수 있는 수는 모두 몇 개인지 구하시오. **(3~6)**

> **보기**
>
> $$\frac{1}{3} \div \frac{■}{24} = \frac{8}{24} \div \frac{■}{24} = 8 \div ■$$ 가 자연수이므로 ■ 안에는 8의 약수가 들어가야 합니다. 따라서 ■ 안에 들어갈 수 있는 자연수는 1, 2, 4, 8이므로 모두 4개입니다.

3

$$\frac{1}{5} \div \frac{■}{15}$$

(   )

4

$$\frac{1}{4} \div \frac{■}{24}$$

(   )

5

$$\frac{3}{5} \div \frac{■}{20}$$

(   )

6

$$\frac{2}{3} \div \frac{■}{21}$$

(   )

계산은 빠르고 정확하게!

걸린 시간	1~10분	10~15분	15~20분
맞은 개수	15~16개	11~14개	1~10개
평가	참 잘했어요.	잘했어요.	좀더 노력해요.

🕐 미국에서 사용하는 단위가 우리나라에서 사용하는 단위로 얼마를 나타내는지 나타낸 표입니다. □ 안에 알맞은 수를 써넣으시오. (7~14)

미국 단위	1 ft(피트)	1 in(인치)	1 mile(마일)	1 lb(파운드)
우리나라 단위	30.48 cm	2.54 cm	1.61 km	0.45 kg

7 152.4 cm = □ ft

8 365.76 cm = □ ft

9 10.16 cm = □ in

10 38.1 cm = □ in

11 14.49 km = □ mile

12 45.08 km = □ mile

13 14.4 kg = □ lb

14 25.65 kg = □ lb

🕐 ㉠에 들어갈 수는 ㉡에 들어갈 수의 몇 배인지 구하시오. (15~16)

15

$$34 \div ㉠ = 4 \qquad 34 \div ㉡ = 40$$

(   )

16

$$660 \div ㉠ = 24 \qquad 66 \div ㉡ = 240$$

(   )

⏰ 계산을 하시오. (1 ~ 16)

1 $\dfrac{8}{9} \div \dfrac{2}{9}$

2 $\dfrac{10}{11} \div \dfrac{5}{11}$

3 $\dfrac{11}{15} \div \dfrac{8}{15}$

4 $\dfrac{7}{25} \div \dfrac{16}{25}$

5 $\dfrac{2}{13} \div \dfrac{2}{5}$

6 $\dfrac{5}{9} \div \dfrac{5}{6}$

7 $\dfrac{4}{7} \div \dfrac{2}{21}$

8 $\dfrac{9}{19} \div \dfrac{2}{5}$

9 $20 \div \dfrac{4}{5}$

10 $3 \div \dfrac{9}{11}$

11 $\dfrac{8}{5} \div \dfrac{2}{3}$

12 $\dfrac{7}{10} \div \dfrac{7}{4}$

13 $1\dfrac{2}{5} \div \dfrac{2}{3}$

14 $\dfrac{8}{9} \div 1\dfrac{1}{3}$

15 $2\dfrac{2}{7} \div 1\dfrac{4}{5}$

16 $3\dfrac{3}{4} \div 2\dfrac{1}{2}$

걸린 시간	1~15분	15~20분	20~25분
맞은 개수	36~40개	28~35개	1~27개
평가	참 잘했어요.	잘했어요.	좀더 노력해요.

계산을 하시오. (17 ~ 33)

17 $20.4 \div 1.2$

18 $54.4 \div 3.4$

19 $23.13 \div 2.57$

20 $16.25 \div 1.25$

21 $5.76 \div 4.8$

22 $22.32 \div 6.2$

23 $21 \div 1.5$

24 $143 \div 5.5$

25 $0.8\overline{)11.2}$

26 $3.1\overline{)71.3}$

27 $6.8\overline{)81.6}$

28 $2.17\overline{)17.36}$

29 $1.58\overline{)48.98}$

30 $1.3\overline{)7.54}$

31 $4.9\overline{)27.93}$

32 $4.8\overline{)72}$

33 $1.68\overline{)126}$

⏰ 몫을 반올림하여 나타내시오. (34 ~ 36)

34

27.6 ÷ 4.9 ➡
- 자연수로 나타내기: ☐
- 소수 첫째 자리까지 나타내기: ☐
- 소수 둘째 자리까지 나타내기: ☐

35

56.4 ÷ 5.8 ➡
- 자연수로 나타내기: ☐
- 소수 첫째 자리까지 나타내기: ☐
- 소수 둘째 자리까지 나타내기: ☐

36

4.29 ÷ 1.7 ➡
- 자연수로 나타내기: ☐
- 소수 첫째 자리까지 나타내기: ☐
- 소수 둘째 자리까지 나타내기: ☐

⏰ 나눗셈의 몫을 자연수 부분까지 구하고 남는 수를 구하시오. (37 ~ 40)

37

$8\overline{)73.5}$

몫: ☐
남는 수: ☐

38

$7\overline{)93.4}$

몫: ☐
남는 수: ☐

39

46.7 ÷ 3

몫: ☐
남는 수: ☐

40

50.4 ÷ 12

몫: ☐
남는 수: ☐

2

비와 비율,
비례식과 비례배분

1 비와 비율(1)

• 동화책 3권과 만화책 5권이 있습니다. 이 두 수 3과 5를 비교할 때 3 : 5라 쓰고, 3 대 5라고 읽습니다.

$$3 : 5 \Rightarrow \begin{cases} 3 \text{ 대 } 5 \\ 5\text{에 대한 } 3\text{의 비} \\ 3\text{의 } 5\text{에 대한 비} \\ 3\text{과 } 5\text{의 비} \end{cases}$$

• 비 3 : 5에서 기호 :의 왼쪽에 있는 3은 비교하는 양이고, 오른쪽에 있는 5는 기준량입니다. 기준량에 대한 비교하는 양의 크기를 비율이라고 합니다.

$$(비율) = (비교하는 양) \div (기준량)$$
$$= \frac{(비교하는 양)}{(기준량)}$$

🕐 그림을 보고 □ 안에 알맞은 수를 써넣으시오. (1~4)

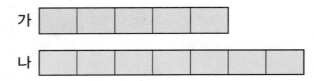

가

나

1 가에 대한 나의 비를 구하시오. ➡ □ : □

2 나에 대한 가의 비를 구하시오. ➡ □ : □

3 가와 나의 비를 구하시오. ➡ □ : □

4 나와 가의 비를 구하시오. ➡ □ : □

⏰ ☐ 안에 알맞은 수를 써넣으시오. (5 ~ 12)

5

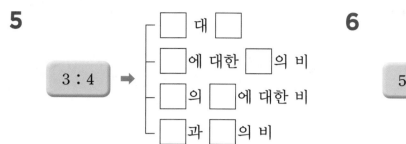

3 : 4 →
- ☐ 대 ☐
- ☐ 에 대한 ☐ 의 비
- ☐ 의 ☐ 에 대한 비
- ☐ 과 ☐ 의 비

6

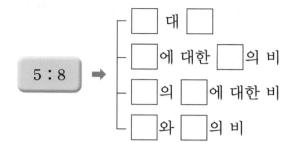

5 : 8 →
- ☐ 대 ☐
- ☐ 에 대한 ☐ 의 비
- ☐ 의 ☐ 에 대한 비
- ☐ 와 ☐ 의 비

7

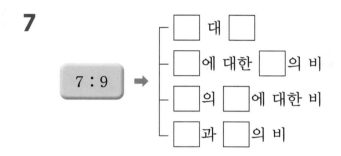

7 : 9 →
- ☐ 대 ☐
- ☐ 에 대한 ☐ 의 비
- ☐ 의 ☐ 에 대한 비
- ☐ 과 ☐ 의 비

8

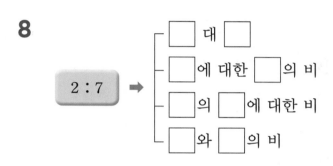

2 : 7 →
- ☐ 대 ☐
- ☐ 에 대한 ☐ 의 비
- ☐ 의 ☐ 에 대한 비
- ☐ 와 ☐ 의 비

9

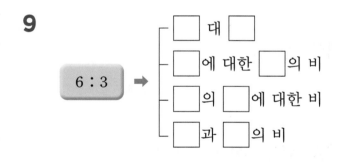

6 : 3 →
- ☐ 대 ☐
- ☐ 에 대한 ☐ 의 비
- ☐ 의 ☐ 에 대한 비
- ☐ 과 ☐ 의 비

10

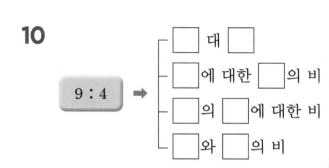

9 : 4 →
- ☐ 대 ☐
- ☐ 에 대한 ☐ 의 비
- ☐ 의 ☐ 에 대한 비
- ☐ 와 ☐ 의 비

11

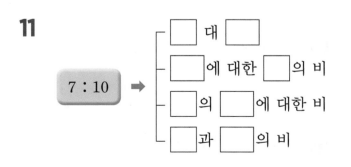

7 : 10 →
- ☐ 대 ☐
- ☐ 에 대한 ☐ 의 비
- ☐ 의 ☐ 에 대한 비
- ☐ 과 ☐ 의 비

12

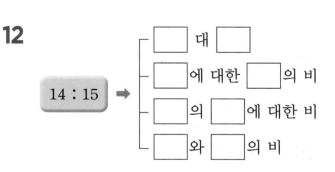

14 : 15 →
- ☐ 대 ☐
- ☐ 에 대한 ☐ 의 비
- ☐ 의 ☐ 에 대한 비
- ☐ 와 ☐ 의 비

비와 비율 (2)

⏰ 비율을 분수로 나타내시오. (1~16)

1 3 : 4 ➡ (   )

2 5 : 7 ➡ (   )

3 9 : 10 ➡ (   )

4 3 : 11 ➡ (   )

5 6 대 7 ➡ (   )

6 10 대 7 ➡ (   )

7 11 대 13 ➡ (   )

8 14 대 19 ➡ (   )

9 5에 대한 3의 비 ➡ (   )

10 9에 대한 4의 비 ➡ (   )

11 8에 대한 5의 비 ➡ (   )

12 18에 대한 13의 비 ➡ (   )

13 40에 대한 17의 비 ➡ (   )

14 19에 대한 20의 비 ➡ (   )

15 35에 대한 19의 비 ➡ (   )

16 27에 대한 35의 비 ➡ (   )

⏰ 비율을 분수로 나타내시오. (17 ~ 32)

17 4의 5에 대한 비 ➡ (   )

18 7의 8에 대한 비 ➡ (   )

19 9의 14에 대한 비 ➡ (   )

20 8의 15에 대한 비 ➡ (   )

21 10의 19에 대한 비 ➡ (   )

22 13의 21에 대한 비 ➡ (   )

23 29의 30에 대한 비 ➡ (   )

24 23의 33에 대한 비 ➡ (   )

25 6과 7의 비 ➡ (   )

26 9와 4의 비 ➡ (   )

27 5와 11의 비 ➡ (   )

28 7과 16의 비 ➡ (   )

29 14와 23의 비 ➡ (   )

30 19와 31의 비 ➡ (   )

31 41과 39의 비 ➡ (   )

32 17과 37의 비 ➡ (   )

비와 비율(3)

⏰ **비율을 소수로 나타내시오. (1~16)**

1 1 : 4 ➡ (   )

2 3 : 10 ➡ (   )

3 5 : 8 ➡ (   )

4 5 : 2 ➡ (   )

5 3 대 4 ➡ (   )

6 6 대 12 ➡ (   )

7 9 대 6 ➡ (   )

8 7 대 28 ➡ (   )

9 5에 대한 2의 비 ➡ (   )

10 8에 대한 3의 비 ➡ (   )

11 10에 대한 7의 비 ➡ (   )

12 25에 대한 9의 비 ➡ (   )

13 20에 대한 13의 비 ➡ (   )

14 32에 대한 4의 비 ➡ (   )

15 16에 대한 24의 비 ➡ (   )

16 40에 대한 19의 비 ➡ (   )

🕐 비율을 소수로 나타내시오. (17 ~ 32)

17 4의 5에 대한 비 ➡ (   )

18 9의 10에 대한 비 ➡ (   )

19 7의 8에 대한 비 ➡ (   )

20 11의 5에 대한 비 ➡ (   )

21 11의 4에 대한 비 ➡ (   )

22 10의 8에 대한 비 ➡ (   )

23 13의 25에 대한 비 ➡ (   )

24 17의 20에 대한 비 ➡ (   )

25 6과 10의 비 ➡ (   )

26 9와 2의 비 ➡ (   )

27 7과 20의 비 ➡ (   )

28 12와 16의 비 ➡ (   )

29 14와 40의 비 ➡ (   )

30 24와 20의 비 ➡ (   )

31 27과 36의 비 ➡ (   )

32 37과 40의 비 ➡ (   )

2 백분율(1)

- 기준량을 100으로 할 때의 비율을 백분율이라 하고 기호 %를 사용하여 나타냅니다.

  비율 $\frac{71}{100}$ 또는 0.71을 백분율로 71 %라 쓰고 71퍼센트라고 읽습니다.

- 비율을 백분율로, 백분율을 비율로 나타내기

  $$\frac{4}{25} \Rightarrow \frac{4}{25} \times 100 = 16(\%) \qquad 0.53 \Rightarrow 0.53 \times 100 = 53(\%)$$

  $$25\% \Rightarrow \frac{25}{100} = \frac{1}{4} = 0.25$$

🕐 비율을 백분율로 나타내려고 합니다. □ 안에 알맞은 수를 써넣으시오. (1~6)

1 $\frac{1}{2} \Rightarrow \frac{1}{2} \times \boxed{} = \boxed{}$

$\Rightarrow \boxed{}$ %

2 $\frac{4}{5} \Rightarrow \frac{4}{5} \times \boxed{} = \boxed{}$

$\Rightarrow \boxed{}$ %

3 $\frac{3}{4} \Rightarrow \frac{3}{4} \times \boxed{} = \boxed{}$

$\Rightarrow \boxed{}$ %

4 $\frac{11}{25} \Rightarrow \frac{11}{25} \times \boxed{} = \boxed{}$

$\Rightarrow \boxed{}$ %

5 $\frac{17}{20} \Rightarrow \frac{17}{20} \times \boxed{} = \boxed{}$

$\Rightarrow \boxed{}$ %

6 $\frac{19}{50} \Rightarrow \frac{19}{50} \times \boxed{} = \boxed{}$

$\Rightarrow \boxed{}$ %

⏰ 비율을 백분율로 나타내시오. (7 ~ 22)

7 $\dfrac{1}{4}$ ➡ (   )

8 $\dfrac{2}{5}$ ➡ (   )

9 $\dfrac{7}{10}$ ➡ (   )

10 $\dfrac{3}{8}$ ➡ (   )

11 $\dfrac{11}{20}$ ➡ (   )

12 $\dfrac{4}{25}$ ➡ (   )

13 $\dfrac{17}{50}$ ➡ (   )

14 $\dfrac{37}{100}$ ➡ (   )

15 $\dfrac{19}{25}$ ➡ (   )

16 $\dfrac{19}{20}$ ➡ (   )

17 $\dfrac{23}{25}$ ➡ (   )

18 $\dfrac{21}{50}$ ➡ (   )

19 $\dfrac{23}{40}$ ➡ (   )

20 $\dfrac{81}{100}$ ➡ (   )

21 $\dfrac{18}{60}$ ➡ (   )

22 $\dfrac{9}{75}$ ➡ (   )

⏰ 비율을 백분율로 나타내려고 합니다. □ 안에 알맞은 수를 써넣으시오. (1~10)

1 $0.8 \Rightarrow 0.8 \times \boxed{} = \boxed{}$

$\Rightarrow \boxed{}$ %

2 $0.06 \Rightarrow 0.06 \times \boxed{} = \boxed{}$

$\Rightarrow \boxed{}$ %

3 $0.17 \Rightarrow 0.17 \times \boxed{} = \boxed{}$

$\Rightarrow \boxed{}$ %

4 $0.43 \Rightarrow 0.43 \times \boxed{} = \boxed{}$

$\Rightarrow \boxed{}$ %

5 $0.58 \Rightarrow 0.58 \times \boxed{} = \boxed{}$

$\Rightarrow \boxed{}$ %

6 $0.64 \Rightarrow 0.64 \times \boxed{} = \boxed{}$

$\Rightarrow \boxed{}$ %

7 $0.83 \Rightarrow 0.83 \times \boxed{} = \boxed{}$

$\Rightarrow \boxed{}$ %

8 $0.92 \Rightarrow 0.92 \times \boxed{} = \boxed{}$

$\Rightarrow \boxed{}$ %

9 $0.69 \Rightarrow 0.69 \times \boxed{} = \boxed{}$

$\Rightarrow \boxed{}$ %

10 $0.76 \Rightarrow 0.76 \times \boxed{} = \boxed{}$

$\Rightarrow \boxed{}$ %

⏰ 비율을 백분율로 나타내시오. (11 ~ 26)

11 0.9 ➡ (   )

12 0.5 ➡ (   )

13 0.02 ➡ (   )

14 0.04 ➡ (   )

15 0.25 ➡ (   )

16 0.19 ➡ (   )

17 0.32 ➡ (   )

18 0.48 ➡ (   )

19 0.65 ➡ (   )

20 0.86 ➡ (   )

21 0.99 ➡ (   )

22 0.57 ➡ (   )

23 0.61 ➡ (   )

24 0.82 ➡ (   )

25 0.76 ➡ (   )

26 0.99 ➡ (   )

⏰ 백분율을 기약분수와 소수로 각각 나타내려고 합니다. □ 안에 알맞은 수를 써넣으시오. (1~12)

1 $7\% \Rightarrow 7 \div \boxed{} = \dfrac{7}{\boxed{}} = \boxed{}$

2 $13\% \Rightarrow 13 \div \boxed{} = \dfrac{13}{\boxed{}} = \boxed{}$

3 $29\% \Rightarrow 29 \div \boxed{} = \dfrac{\boxed{}}{\boxed{}} = \boxed{}$

4 $37\% \Rightarrow 37 \div \boxed{} = \dfrac{\boxed{}}{\boxed{}} = \boxed{}$

5 $43\% \Rightarrow 43 \div \boxed{} = \dfrac{\boxed{}}{\boxed{}} = \boxed{}$

6 $69\% \Rightarrow 69 \div \boxed{} = \dfrac{\boxed{}}{\boxed{}} = \boxed{}$

7 $18\% \Rightarrow 18 \div \boxed{} = \dfrac{18}{\boxed{}} = \dfrac{9}{\boxed{}} = \boxed{}$

8 $6\% \Rightarrow 6 \div \boxed{} = \dfrac{6}{\boxed{}} = \dfrac{3}{\boxed{}} = \boxed{}$

9 $30\% \Rightarrow 30 \div \boxed{} = \dfrac{30}{\boxed{}} = \dfrac{3}{\boxed{}} = \boxed{}$

10 $50\% \Rightarrow 50 \div \boxed{} = \dfrac{50}{\boxed{}} = \dfrac{1}{\boxed{}} = \boxed{}$

11 $25\% \Rightarrow 25 \div \boxed{} = \dfrac{25}{\boxed{}} = \dfrac{1}{\boxed{}} = \boxed{}$

12 $35\% \Rightarrow 35 \div \boxed{} = \dfrac{35}{\boxed{}} = \dfrac{7}{\boxed{}} = \boxed{}$

🕐 백분율을 기약분수로 나타내시오. (13 ~ 28)

13 6 % ➡ (　　　　　)

14 8 % ➡ (　　　　　)

15 12 % ➡ (　　　　　)

16 17 % ➡ (　　　　　)

17 24 % ➡ (　　　　　)

18 36 % ➡ (　　　　　)

19 28 % ➡ (　　　　　)

20 50 % ➡ (　　　　　)

21 74 % ➡ (　　　　　)

22 85 % ➡ (　　　　　)

23 66 % ➡ (　　　　　)

24 55 % ➡ (　　　　　)

25 88 % ➡ (　　　　　)

26 77 % ➡ (　　　　　)

27 62.5 % ➡ (　　　　　)

28 17.5 % ➡ (　　　　　)

2 백분율 (4)

⏰ 백분율을 소수로 나타내시오. (1 ~ 16)

1 3 % ➡ (   )

2 7 % ➡ (   )

3 14 % ➡ (   )

4 18 % ➡ (   )

5 20 % ➡ (   )

6 26 % ➡ (   )

7 48 % ➡ (   )

8 52 % ➡ (   )

9 61 % ➡ (   )

10 80 % ➡ (   )

11 76 % ➡ (   )

12 92 % ➡ (   )

13 60 % ➡ (   )

14 95 % ➡ (   )

15 13.5 % ➡ (   )

16 36.2 % ➡ (   )

⏰ 백분율을 기약분수와 소수로 각각 나타내시오. (17~24)

17 25 %

분수 (   )

소수 (   )

18 40 %

분수 (   )

소수 (   )

19 38 %

분수 (   )

소수 (   )

20 72 %

분수 (   )

소수 (   )

21 58 %

분수 (   )

소수 (   )

22 86 %

분수 (   )

소수 (   )

23 98 %

분수 (   )

소수 (   )

24 65 %

분수 (   )

소수 (   )

3 비의 성질(1)

✿ 비의 성질 알아보기

- 비 2 : 3에서 기호 : 앞에 있는 2를 전항, 뒤에 있는 3을 후항이라고 합니다.
- 비의 전항과 후항에 0이 아닌 같은 수를 곱하여도 비율은 같습니다.

$$2 : 3 \Rightarrow \frac{2}{3} \qquad (2 \times 2) : (3 \times 2) \Rightarrow 4 : 6 \Rightarrow \frac{4}{6} = \frac{2}{3}$$

- 비의 전항과 후항을 0이 아닌 같은 수로 나누어도 비율은 같습니다.

$$24 : 32 \Rightarrow \frac{24}{32} = \frac{3}{4} \qquad (24 \div 8) : (32 \div 8) \Rightarrow 3 : 4 \Rightarrow \frac{3}{4}$$

⏰ 빈칸에 알맞은 수를 써넣으시오. (1~6)

1

5 : 8

전항	후항

2

6 : 11

전항	후항

3

9 : 4

전항	후항

4

10 : 7

전항	후항

5

13 : 15

전항	후항

6

21 : 17

전항	후항

⏰ □ 안에 알맞은 수를 써넣으시오. (7~10)

7

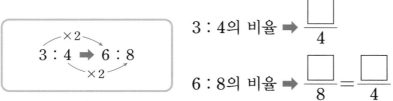

3 : 4의 비율 ➡ $\dfrac{\square}{4}$

6 : 8의 비율 ➡ $\dfrac{\square}{8} = \dfrac{\square}{4}$

비의 전항과 후항에 □ 이 아닌 같은 수를 곱하여도 비율은 같습니다.

8

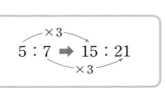

5 : 7의 비율 ➡ $\dfrac{\square}{7}$

15 : 21의 비율 ➡ $\dfrac{\square}{21} = \dfrac{\square}{7}$

비의 전항과 후항에 □ 이 아닌 같은 수를 곱하여도 비율은 같습니다.

9

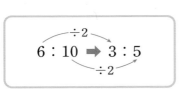

6 : 10의 비율 ➡ $\dfrac{\square}{10} = \dfrac{\square}{5}$

3 : 5의 비율 ➡ $\dfrac{\square}{5}$

비의 전항과 후항에 □ 이 아닌 같은 수로 나누어도 비율은 같습니다.

10

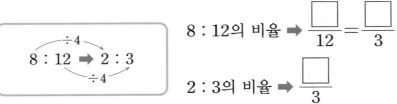

8 : 12의 비율 ➡ $\dfrac{\square}{12} = \dfrac{\square}{3}$

2 : 3의 비율 ➡ $\dfrac{\square}{3}$

비의 전항과 후항에 □ 이 아닌 같은 수로 나누어도 비율은 같습니다.

학습 날짜

월   일

⏰ □ 안에 알맞은 수를 써넣으시오. (1~10)

1
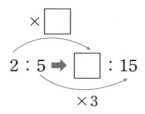

2
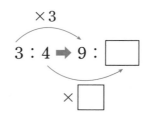

3
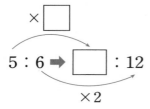

4
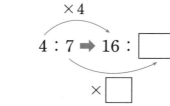

5
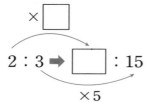

6
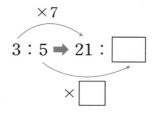

7
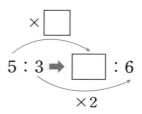

8
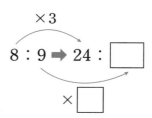

9
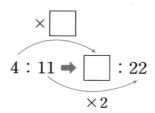

10
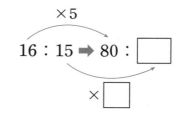

계산은 빠르고 정확하게!

걸린 시간	1~5분	5~8분	8~10분
맞은 개수	16~17개	12~15개	1~11개
평가	참 잘했어요.	잘했어요.	좀더 노력해요.

🕐 비의 전항과 후항에 0이 아닌 같은 수를 곱하여 비율이 같은 비를 3개 만들어 보시오. (11~17)

11 1 : 7 ➡ ( )

12 2 : 9 ➡ ( )

13 3 : 8 ➡ ( )

14 9 : 4 ➡ ( )

15 10 : 3 ➡ ( )

16 13 : 15 ➡ ( )

17 20 : 17 ➡ ( )

3 비의 성질(3)

⏰ ☐ 안에 알맞은 수를 써넣으시오. (1~10)

1
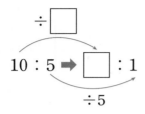

$$10 : 5 \Rightarrow \boxed{} : 1$$
$$\div \boxed{} \qquad \div 5$$

2
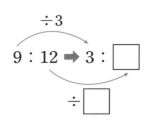

$$9 : 12 \Rightarrow 3 : \boxed{}$$
$$\div 3 \qquad \div \boxed{}$$

3
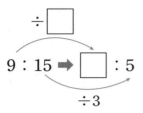

$$9 : 15 \Rightarrow \boxed{} : 5$$
$$\div \boxed{} \qquad \div 3$$

4
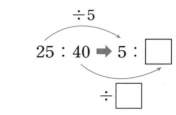

$$25 : 40 \Rightarrow 5 : \boxed{}$$
$$\div 5 \qquad \div \boxed{}$$

5
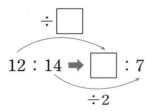

$$12 : 14 \Rightarrow \boxed{} : 7$$
$$\div \boxed{} \qquad \div 2$$

6
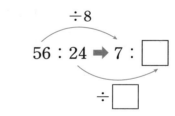

$$56 : 24 \Rightarrow 7 : \boxed{}$$
$$\div 8 \qquad \div \boxed{}$$

7
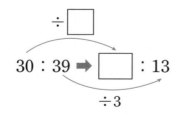

$$30 : 39 \Rightarrow \boxed{} : 13$$
$$\div \boxed{} \qquad \div 3$$

8
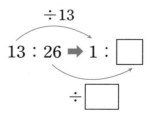

$$13 : 26 \Rightarrow 1 : \boxed{}$$
$$\div 13 \qquad \div \boxed{}$$

9
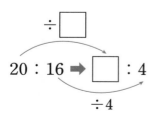

$$20 : 16 \Rightarrow \boxed{} : 4$$
$$\div \boxed{} \qquad \div 4$$

10
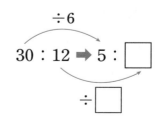

$$30 : 12 \Rightarrow 5 : \boxed{}$$
$$\div 6 \qquad \div \boxed{}$$

계산은 빠르고 정확하게!

걸린 시간	1~5분	5~8분	8~10분
맞은 개수	16~17개	12~15개	1~11개
평가	참 잘했어요.	잘했어요.	좀더 노력해요.

🕐 비의 전항과 후항을 0이 아닌 같은 수로 나누어 비율이 같은 비를 3개 만들어 보시오. (11~17)

11 | 12 : 18 | ➡ ( )

12 | 8 : 24 | ➡ ( )

13 | 20 : 30 | ➡ ( )

14 | 40 : 24 | ➡ ( )

15 | 18 : 42 | ➡ ( )

16 | 56 : 42 | ➡ ( )

17 | 72 : 64 | ➡ ( )

4 간단한 자연수의 비로 나타내기 (1)

> ✿ **자연수의 비를 간단한 자연수의 비로 나타내기**
>
> 각 항을 두 수의 최대공약수로 나누어 간단한 자연수의 비로 나타냅니다.
> $$10 : 15 ➡ (10÷5) : (15÷5) = 2 : 3$$
>
> ✿ **소수의 비를 간단한 자연수의 비로 나타내기**
>
> • 각 항에 10, 100, 1000, …을 곱하여 자연수의 비로 나타냅니다.
> • 각 항을 두 수의 최대공약수로 나눕니다.
> $$0.3 : 0.6 ➡ (0.3×10) : (0.6×10) ➡ 3 : 6$$
> $$➡ (3÷3) : (6÷3) ➡ 1 : 2$$

🕐 가장 간단한 자연수의 비로 나타내려고 합니다. ☐ 안에 알맞은 수를 써넣으시오. **(1~4)**

1 8 : 6을 가장 간단한 자연수의 비로 나타내기 위하여 각 항을 8과 6의 최대공약수인
☐ 로 나눕니다.

$$8 : 6 ➡ (8÷\boxed{}) : (6÷\boxed{}) ➡ \boxed{} : \boxed{}$$

2 12 : 20을 가장 간단한 자연수의 비로 나타내기 위하여 각 항을 12와 20의 최대공약수
인 ☐ 로 나눕니다.

$$12 : 20 ➡ (12÷\boxed{}) : (20÷\boxed{}) ➡ \boxed{} : \boxed{}$$

3 $10 : 25 ➡ (10÷\boxed{}) : (25÷\boxed{}) ➡ \boxed{} : \boxed{}$

4 $18 : 24 ➡ (18÷\boxed{}) : (24÷\boxed{}) ➡ \boxed{} : \boxed{}$

⏰ 가장 간단한 자연수의 비로 나타내시오. (5 ~ 20)

5 4 : 6 ➡ ☐ : ☐

6 8 : 4 ➡ ☐ : ☐

7 10 : 12 ➡ ☐ : ☐

8 14 : 21 ➡ ☐ : ☐

9 15 : 18 ➡ ☐ : ☐

10 20 : 25 ➡ ☐ : ☐

11 16 : 10 ➡ ☐ : ☐

12 24 : 21 ➡ ☐ : ☐

13 22 : 40 ➡ ☐ : ☐

14 15 : 35 ➡ ☐ : ☐

15 21 : 28 ➡ ☐ : ☐

16 33 : 44 ➡ ☐ : ☐

17 48 : 32 ➡ ☐ : ☐

18 39 : 52 ➡ ☐ : ☐

19 60 : 25 ➡ ☐ : ☐

20 72 : 48 ➡ ☐ : ☐

4 간단한 자연수의 비로 나타내기(2)

⏰ 가장 간단한 자연수의 비로 나타내려고 합니다. □ 안에 알맞은 수를 써넣으시오. (1~7)

1 $0.2 : 0.3$을 가장 간단한 자연수의 비로 나타내기 위하여 각 항에 $\boxed{}$ 을 곱합니다.

$$0.2 : 0.3 \Rightarrow (0.2 \times \boxed{}) : (0.3 \times \boxed{}) \Rightarrow \boxed{} : \boxed{}$$

2 $0.17 : 0.15$를 가장 간단한 자연수의 비로 나타내기 위하여 각 항에 $\boxed{}$ 을 곱합니다.

$$0.17 : 0.15 \Rightarrow (0.17 \times \boxed{}) : (0.15 \times \boxed{}) \Rightarrow \boxed{} : \boxed{}$$

3 $0.12 : 0.23 \Rightarrow (0.12 \times \boxed{}) : (0.23 \times \boxed{}) \Rightarrow \boxed{} : \boxed{}$

4 $0.09 : 0.1 \Rightarrow (0.09 \times \boxed{}) : (0.1 \times \boxed{}) \Rightarrow \boxed{} : \boxed{}$

5 $0.4 : 0.37 \Rightarrow (0.4 \times \boxed{}) : (0.37 \times \boxed{}) \Rightarrow \boxed{} : \boxed{}$

6 $1.8 : 1.3 \Rightarrow (1.8 \times \boxed{}) : (1.3 \times \boxed{}) \Rightarrow \boxed{} : \boxed{}$

7 $2.4 : 1.9 \Rightarrow (2.4 \times \boxed{}) : (1.9 \times \boxed{}) \Rightarrow \boxed{} : \boxed{}$

⏰ 가장 간단한 자연수의 비로 나타내시오. (8~23)

8 0.1 : 0.4 ➡ ☐ : ☐

9 0.3 : 0.7 ➡ ☐ : ☐

10 0.9 : 0.2 ➡ ☐ : ☐

11 0.8 : 0.6 ➡ ☐ : ☐

12 0.12 : 0.13 ➡ ☐ : ☐

13 0.84 : 0.56 ➡ ☐ : ☐

14 0.07 : 0.18 ➡ ☐ : ☐

15 0.25 : 0.12 ➡ ☐ : ☐

16 1.6 : 1.2 ➡ ☐ : ☐

17 0.9 : 0.27 ➡ ☐ : ☐

18 4.8 : 1.2 ➡ ☐ : ☐

19 1.7 : 1.9 ➡ ☐ : ☐

20 1.5 : 1.25 ➡ ☐ : ☐

21 12.5 : 6 ➡ ☐ : ☐

22 1.24 : 1.4 ➡ ☐ : ☐

23 1.65 : 2.1 ➡ ☐ : ☐

4 간단한 자연수의 비로 나타내기(3)

⭐ 분수의 비를 가장 간단한 자연수의 비로 나타내기

- 각 항에 두 분모의 최소공배수를 곱하여 자연수의 비로 나타냅니다.
- 각 항을 두 수의 최대공약수로 나눕니다.

$$\frac{4}{5} : \frac{2}{3} \Rightarrow \left(\frac{4}{5} \times 15\right) : \left(\frac{2}{3} \times 15\right) \Rightarrow 12 : 10$$
$$\Rightarrow (12 \div 2) : (10 \div 2) \Rightarrow 6 : 5$$

⭐ 소수와 분수의 비를 가장 간단한 자연수의 비로 나타내기

소수를 분수로 고치거나 분수를 소수로 고친 후 가장 간단한 자연수의 비로 나타냅니다.

$$0.7 : \frac{2}{5} \Rightarrow \frac{7}{10} : \frac{2}{5} \Rightarrow \left(\frac{7}{10} \times 10\right) : \left(\frac{2}{5} \times 10\right) \Rightarrow 7 : 4$$
$$0.7 : \frac{2}{5} \Rightarrow 0.7 : 0.4 \Rightarrow (0.7 \times 10) : (0.4 \times 10) \Rightarrow 7 : 4$$

⏰ 가장 간단한 자연수의 비로 나타내려고 합니다. ☐ 안에 알맞은 수를 써넣으시오. (1~4)

1 $\dfrac{1}{2} : \dfrac{1}{3} \Rightarrow \left(\dfrac{1}{2} \times \boxed{}\right) : \left(\dfrac{1}{3} \times \boxed{}\right) \Rightarrow \boxed{} : \boxed{}$

2 $\dfrac{1}{4} : \dfrac{5}{6} \Rightarrow \left(\dfrac{1}{4} \times \boxed{}\right) : \left(\dfrac{5}{6} \times \boxed{}\right) \Rightarrow \boxed{} : \boxed{}$

3 $\dfrac{2}{3} : \dfrac{3}{5} \Rightarrow \left(\dfrac{2}{3} \times \boxed{}\right) : \left(\dfrac{3}{5} \times \boxed{}\right) \Rightarrow \boxed{} : \boxed{}$

4 $\dfrac{3}{5} : \dfrac{7}{10} \Rightarrow \left(\dfrac{3}{5} \times \boxed{}\right) : \left(\dfrac{7}{10} \times \boxed{}\right) \Rightarrow \boxed{} : \boxed{}$

계산은 빠르고 정확하게!

걸린 시간	1~5분	5~8분	8~10분
맞은 개수	17~18개	13~16개	1~12개
평가	참 잘했어요.	잘했어요.	좀더 노력해요.

⏰ 가장 간단한 자연수의 비로 나타내시오. (5 ~ 18)

5 $\frac{1}{2} : \frac{1}{5}$ ➡ ☐ : ☐

6 $\frac{1}{3} : \frac{1}{7}$ ➡ ☐ : ☐

7 $\frac{1}{3} : \frac{5}{6}$ ➡ ☐ : ☐

8 $\frac{7}{8} : \frac{7}{9}$ ➡ ☐ : ☐

9 $\frac{3}{4} : \frac{7}{12}$ ➡ ☐ : ☐

10 $\frac{1}{6} : \frac{7}{10}$ ➡ ☐ : ☐

11 $\frac{2}{3} : \frac{7}{8}$ ➡ ☐ : ☐

12 $\frac{2}{3} : \frac{4}{7}$ ➡ ☐ : ☐

13 $1\frac{1}{2} : \frac{9}{10}$ ➡ ☐ : ☐

14 $1\frac{3}{10} : \frac{3}{5}$ ➡ ☐ : ☐

15 $\frac{3}{4} : 1\frac{4}{5}$ ➡ ☐ : ☐

16 $\frac{4}{15} : 2\frac{2}{9}$ ➡ ☐ : ☐

17 $1\frac{1}{3} : 2\frac{1}{2}$ ➡ ☐ : ☐

18 $2\frac{3}{4} : 1\frac{4}{5}$ ➡ ☐ : ☐

4 간단한 자연수의 비로 나타내기 (4)

⏰ 가장 간단한 자연수의 비로 나타내려고 합니다. □ 안에 알맞은 수를 써넣으시오. (1~7)

1 $\frac{1}{4} : 0.3 \Rightarrow \left(\frac{1}{4} \times \square\right) : \left(\frac{\square}{10} \times 20\right) \Rightarrow \square : \square$

2 $\frac{1}{6} : 0.5 \Rightarrow \left(\frac{1}{6} \times \square\right) : \left(\frac{\square}{2} \times 6\right) \Rightarrow \square : \square$

3 $0.25 : \frac{3}{5} \Rightarrow \left(\frac{\square}{4} \times 20\right) : \left(\frac{3}{5} \times \square\right) \Rightarrow \square : \square$

4 $0.4 : \frac{7}{10} \Rightarrow \left(\frac{\square}{5} \times 10\right) : \left(\frac{7}{10} \times \square\right) \Rightarrow \square : \square$

5 $\frac{4}{5} : 0.5 \Rightarrow (0.8 \times \square) : (0.5 \times \square) \Rightarrow \square : \square$

6 $\frac{3}{4} : 0.13 \Rightarrow (0.75 \times \square) : (0.13 \times \square) \Rightarrow \square : \square$

7 $1.5 : 1\frac{2}{5} \Rightarrow (1.5 \times \square) : (1.4 \times \square) \Rightarrow \square : \square$

계산은 빠르고 정확하게!

걸린 시간	1~6분	6~9분	9~12분
맞은 개수	19~21개	15~18개	1~14개
평가	참 잘했어요.	잘했어요.	좀더 노력해요.

🕐 가장 간단한 자연수의 비로 나타내시오. (8~21)

8 $\frac{1}{9} : 0.1 \Rightarrow \boxed{} : \boxed{}$

9 $0.8 : \frac{1}{5} \Rightarrow \boxed{} : \boxed{}$

10 $\frac{3}{4} : 0.6 \Rightarrow \boxed{} : \boxed{}$

11 $0.2 : \frac{2}{3} \Rightarrow \boxed{} : \boxed{}$

12 $\frac{13}{20} : 0.55 \Rightarrow \boxed{} : \boxed{}$

13 $0.4 : \frac{9}{10} \Rightarrow \boxed{} : \boxed{}$

14 $\frac{3}{8} : 0.4 \Rightarrow \boxed{} : \boxed{}$

15 $0.45 : \frac{3}{7} \Rightarrow \boxed{} : \boxed{}$

16 $\frac{4}{5} : 0.28 \Rightarrow \boxed{} : \boxed{}$

17 $0.5 : 1\frac{1}{8} \Rightarrow \boxed{} : \boxed{}$

18 $1\frac{1}{2} : 0.5 \Rightarrow \boxed{} : \boxed{}$

19 $1.6 : 1\frac{1}{15} \Rightarrow \boxed{} : \boxed{}$

20 $2\frac{1}{4} : 3.6 \Rightarrow \boxed{} : \boxed{}$

21 $1.04 : 3\frac{1}{5} \Rightarrow \boxed{} : \boxed{}$

5 비례식 (1)

- 비율이 같은 두 비를 기호 '='를 사용하여 나타낸 식을 비례식이라고 합니다.
- 비례식에서 바깥에 있는 두 항을 외항, 안쪽에 있는 두 항을 내항이라고 합니다.
- 비례식에서 외항의 곱과 내항의 곱은 같습니다.

$$2 : 3 = 6 : 9$$
외항 / 내항

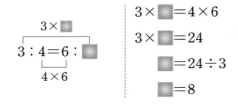

$$3 : 4 = 6 : \boxed{}$$

$$3 \times \boxed{} = 4 \times 6$$
$$3 \times \boxed{} = 24$$
$$\boxed{} = 24 \div 3$$
$$\boxed{} = 8$$

⏰ □ 안에 알맞은 수를 써넣으시오. (1~3)

1 2 : 5의 비율 ➡ $\dfrac{\boxed{}}{5}$, 8 : 20의 비율 ➡ $\dfrac{\boxed{}}{20} = \dfrac{\boxed{}}{5}$

두 비를 비례식으로 나타내면 2 : $\boxed{}$ = $\boxed{}$: $\boxed{}$ 입니다.

2 15 : 18의 비율 ➡ $\dfrac{\boxed{}}{18} = \dfrac{\boxed{}}{6}$, 5 : 6의 비율 ➡ $\dfrac{\boxed{}}{6}$

두 비를 비례식으로 나타내면 15 : $\boxed{}$ = $\boxed{}$: $\boxed{}$ 입니다.

3 14 : 12의 비율 ➡ $\dfrac{\boxed{}}{12} = \dfrac{\boxed{}}{6}$, 21 : 18의 비율 ➡ $\dfrac{\boxed{}}{18} = \dfrac{\boxed{}}{6}$

두 비를 비례식으로 나타내면 14 : $\boxed{}$ = $\boxed{}$: $\boxed{}$ 입니다.

🕐 비율이 같은 비를 찾아 비례식으로 나타내시오. (4~9)

4

| 3 : 2 | 10 : 6 | 9 : 8 | 15 : 10 |

☐ : ☐ = ☐ : ☐

5

| 12 : 11 | 6 : 5 | 4 : 3 | 18 : 15 |

☐ : ☐ = ☐ : ☐

6

| 2 : 3 | 9 : 5 | 10 : 18 | 8 : 12 |

☐ : ☐ = ☐ : ☐

7

| 3 : 7 | 9 : 17 | 24 : 56 | 45 : 54 |

☐ : ☐ = ☐ : ☐

8

| 8 : 5 | 10 : 9 | 24 : 15 | 19 : 18 |

☐ : ☐ = ☐ : ☐

9

| 7 : 5 | 6 : 8 | 18 : 24 | 15 : 21 |

☐ : ☐ = ☐ : ☐

⏰ 비례식에서 외항과 내항을 각각 찾아 써 보시오. (1~10)

1

$1 : 3 = 3 : 9$

외항 (   )
내항 (   )

2

$2 : 7 = 6 : 21$

외항 (   )
내항 (   )

3

$10 : 8 = 5 : 4$

외항 (   )
내항 (   )

4

$3 : 4 = 15 : 20$

외항 (   )
내항 (   )

5

$6 : 10 = 12 : 20$

외항 (   )
내항 (   )

6

$25 : 15 = 5 : 3$

외항 (   )
내항 (   )

7

$3 : 11 = 18 : 66$

외항 (   )
내항 (   )

8

$9 : 14 = 18 : 28$

외항 (   )
내항 (   )

9

$64 : 40 = 8 : 5$

외항 (   )
내항 (   )

10

$5 : 7 = 35 : 49$

외항 (   )
내항 (   )

계산은 빠르고 정확하게!

걸린 시간	1~4분	4~6분	6~8분
맞은 개수	18~20개	14~17개	1~13개
평가	참 잘했어요.	잘했어요.	좀더 노력해요.

⏰ 비례식에서 외항의 곱과 내항의 곱을 각각 구하시오. (11~20)

11

$$2 : 3 = 4 : 6$$

외항의 곱 (   )
내항의 곱 (   )

12

$$4 : 3 = 12 : 9$$

외항의 곱 (   )
내항의 곱 (   )

13

$$1 : 7 = 5 : 35$$

외항의 곱 (   )
내항의 곱 (   )

14

$$4 : 5 = 16 : 20$$

외항의 곱 (   )
내항의 곱 (   )

15

$$5 : 7 = 20 : 28$$

외항의 곱 (   )
내항의 곱 (   )

16

$$8 : 6 = 4 : 3$$

외항의 곱 (   )
내항의 곱 (   )

17

$$3 : 4 = 15 : 20$$

외항의 곱 (   )
내항의 곱 (   )

18

$$28 : 8 = 7 : 2$$

외항의 곱 (   )
내항의 곱 (   )

19

$$2 : 3 = 14 : 21$$

외항의 곱 (   )
내항의 곱 (   )

20

$$12 : 5 = 72 : 30$$

외항의 곱 (   )
내항의 곱 (   )

5 비례식(3)

⏰ 비례식의 성질을 이용하여 ■를 구하려고 합니다. □ 안에 알맞은 수를 써넣으시오. (1~4)

1

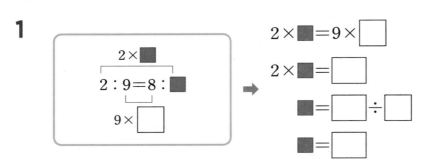

$2 \times \blacksquare = 9 \times \boxed{}$

$2 \times \blacksquare = \boxed{}$

$\blacksquare = \boxed{} \div \boxed{}$

$\blacksquare = \boxed{}$

2

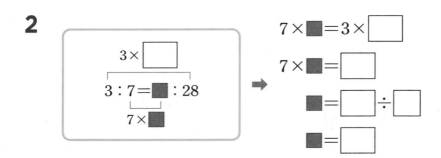

$7 \times \blacksquare = 3 \times \boxed{}$

$7 \times \blacksquare = \boxed{}$

$\blacksquare = \boxed{} \div \boxed{}$

$\blacksquare = \boxed{}$

3

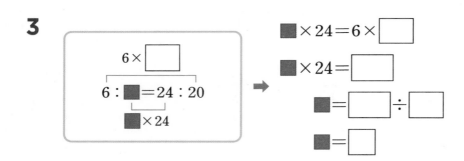

$\blacksquare \times 24 = 6 \times \boxed{}$

$\blacksquare \times 24 = \boxed{}$

$\blacksquare = \boxed{} \div \boxed{}$

$\blacksquare = \boxed{}$

4

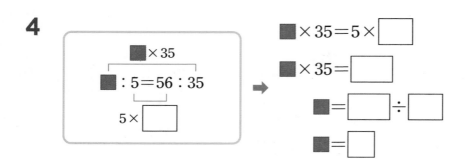

$\blacksquare \times 35 = 5 \times \boxed{}$

$\blacksquare \times 35 = \boxed{}$

$\blacksquare = \boxed{} \div \boxed{}$

$\blacksquare = \boxed{}$

⏰ 비례식의 성질을 이용하여 ☐ 안에 알맞은 수를 써넣으시오. (5 ~ 18)

5 $2 : 7 = 6 : \boxed{}$

6 $\boxed{} : 5 = 12 : 20$

7 $5 : 4 = 20 : \boxed{}$

8 $\boxed{} : 6 = 6 : 2$

9 $\dfrac{1}{4} : \dfrac{1}{5} = 5 : \boxed{}$

10 $\boxed{} : 20 = \dfrac{3}{5} : \dfrac{4}{7}$

11 $\dfrac{1}{6} : \dfrac{2}{3} = 2 : \boxed{}$

12 $\boxed{} : 12 = \dfrac{2}{3} : 1\dfrac{1}{7}$

13 $0.7 : 0.8 = \boxed{} : 8$

14 $2 : \boxed{} = 0.6 : 0.9$

15 $3.6 : 1.6 = \boxed{} : 4$

16 $13 : \boxed{} = 2.6 : 0.8$

17 $\dfrac{5}{8} : 0.6 = \boxed{} : 24$

18 $9 : \boxed{} = 2.16 : 1\dfrac{1}{5}$

6 비례배분 (1)

• 전체를 주어진 비로 배분하는 것을 비례배분이라고 합니다.

    예) 사탕 14개를 명수와 지혜가 4 : 3으로 배분하기

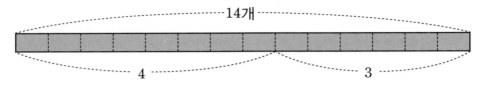

(명수가 가지는 사탕 수) $= 14 \times \dfrac{4}{4+3} = 14 \times \dfrac{4}{7} = 8$(개)

(지혜가 가지는 사탕 수) $= 14 \times \dfrac{3}{4+3} = 14 \times \dfrac{3}{7} = 6$(개)

🕐 그림을 보고 비례배분하려고 합니다. ☐ 안에 알맞은 수를 써넣으시오. (1~2)

1

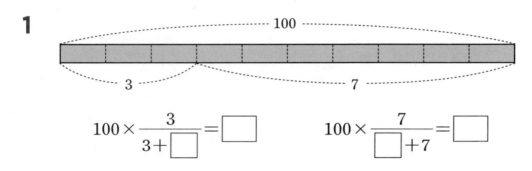

$100 \times \dfrac{3}{3+\boxed{}} = \boxed{}$
$\qquad$
$100 \times \dfrac{7}{\boxed{}+7} = \boxed{}$

2

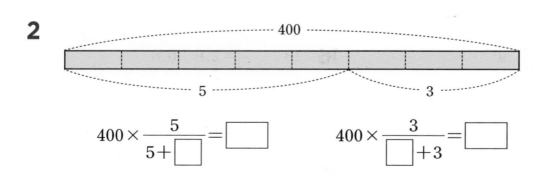

$400 \times \dfrac{5}{5+\boxed{}} = \boxed{}$
$\qquad$
$400 \times \dfrac{3}{\boxed{}+3} = \boxed{}$

🕐 □ 안에 알맞은 수를 써넣으시오. (3~6)

3 사과 50개를 3 : 2로 비례배분하기

$$50 \times \frac{3}{3+\square} = 50 \times \frac{\square}{\square} = \square \text{(개)}$$

$$50 \times \frac{2}{\square+2} = 50 \times \frac{\square}{\square} = \square \text{(개)}$$

4 과자 56개를 9 : 5로 비례배분하기

$$56 \times \frac{9}{9+\square} = 56 \times \frac{\square}{\square} = \square \text{(개)}$$

$$56 \times \frac{5}{\square+5} = 56 \times \frac{\square}{\square} = \square \text{(개)}$$

5 주스 120 L를 5 : 3으로 비례배분하기

$$120 \times \frac{5}{5+\square} = 120 \times \frac{\square}{\square} = \square \text{(L)}$$

$$120 \times \frac{3}{\square+3} = 120 \times \frac{\square}{\square} = \square \text{(L)}$$

6 길이가 350 cm인 리본을 5 : 2로 비례배분하기

$$350 \times \frac{5}{5+\square} = 350 \times \frac{\square}{\square} = \square \text{(cm)}$$

$$350 \times \frac{2}{\square+2} = 350 \times \frac{\square}{\square} = \square \text{(cm)}$$

6 비례배분 (2)

⏰ ▮▮ 안의 수를 주어진 비로 비례배분하여 (,   ) 안에 써넣으시오. (1~14)

1 ▮20▮ 1 : 4 ➡ (,   )   **2** ▮25▮ 2 : 3 ➡ (,   )

3 ▮24▮ 3 : 5 ➡ (,   )   **4** ▮55▮ 5 : 6 ➡ (,   )

5 ▮96▮ 9 : 7 ➡ (,   )   **6** ▮65▮ 8 : 5 ➡ (,   )

7 ▮77▮ 3 : 8 ➡ (,   )   **8** ▮72▮ 5 : 7 ➡ (,   )

9 ▮84▮ 9 : 5 ➡ (,   )   **10** ▮78▮ 10 : 3 ➡ (,   )

11 ▮85▮ 8 : 9 ➡ (,   )   **12** ▮104▮ 11 : 15 ➡ (,   )

13 ▮144▮ 7 : 11 ➡ (,   )   **14** ▮150▮ 13 : 17 ➡ (,   )

계산은 빠르고 정확하게!

🕐 수를 주어진 비로 비례배분하여 빈 곳에 알맞은 수를 써넣으시오. (15 ~ 24)

15
20
1 : 3 ➡ ☐ , ☐
3 : 2 ➡ ☐ ☐

16
72
3 : 5 ➡ ☐ , ☐
1 : 7 ➡ ☐ ☐

17
99
4 : 5 ➡ ☐ , ☐
7 : 2 ➡ ☐ ☐

18
90
2 : 3 ➡ ☐ , ☐
5 : 4 ➡ ☐ ☐

19
144
2 : 1 ➡ ☐ , ☐
3 : 5 ➡ ☐ , ☐

20
162
4 : 5 ➡ ☐ , ☐
11 : 7 ➡ ☐ , ☐

21
180
7 : 5 ➡ ☐ , ☐
11 : 9 ➡ ☐ , ☐

22
240
3 : 2 ➡ ☐ , ☐
8 : 7 ➡ ☐ , ☐

23
350
2 : 3 ➡ ☐ , ☐
5 : 9 ➡ ☐ , ☐

24
432
1 : 3 ➡ ☐ , ☐
4 : 5 ➡ ☐ , ☐

🕐 직선 가와 나가 서로 평행할 때 ㉠과 ㉡의 넓이의 비를 가장 간단한 자연수의 비로 나타내시오. (1~2)

1
가
5 cm
㉠
나
13 cm
㉡
6 cm

➡ ☐ : ☐

2
가
4 cm
㉠
나
8 cm
㉡
10 cm

➡ ☐ : ☐

🕐 주어진 세 비의 비율이 같습니다. ▨와 ▲에 들어갈 수를 구하시오. (3~5)

3
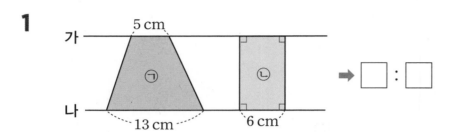

3 : 5   ▨ : 20   18 : ▲

▨ = ☐   ▲ = ☐

4
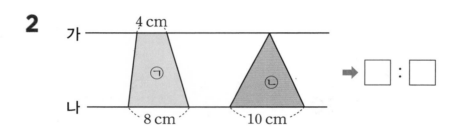

12 : ▨   4 : 7   ▲ : 35

▨ = ☐   ▲ = ☐

5

▨ : 15   24 : ▲   6 : 5

▨ = ☐   ▲ = ☐

🕐 다음 조건에 맞게 비례식을 완성하시오. (6~7)

6

- 비례식의 비율은 $\dfrac{2}{3}$입니다.
- 두 외항의 곱은 54입니다.

➡ 2 : ☐ = ☐ : ☐

7

- 비례식의 비율은 $\dfrac{5}{12}$입니다.
- 두 내항의 곱은 300입니다.

➡ ☐ : 12 = ☐ : ☐

🕐 ㉮, ㉯, ㉰ 세 그릇의 들이의 비를 나타낸 것입니다. ☐ 안에 알맞은 수를 써넣으시오. (8~10)

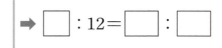

㉮ : ㉯ = 7 : 4　　　㉯ : ㉰ = 3 : 2

8 ㉮ 그릇의 들이가 21 L일 때, ㉯ 그릇의 들이는 (☐ × 4) ÷ ☐ = ☐ (L)입니다.

9 ㉯ 그릇의 들이가 12 L일 때, ㉰ 그릇의 들이는 (☐ × 2) ÷ 3 = ☐ (L)입니다.

10 따라서 ㉮ 그릇의 들이가 21 L일 때, ㉰ 그릇의 들이는 ☐ L입니다.

확인 평가

🕐 비율을 분수와 소수로 나타내시오. (1~4)

1
| 7 대 10 |

분수 (　　　　　　)

소수 (　　　　　　)

2
| 5에 대한 2의 비 |

분수 (　　　　　　)

소수 (　　　　　　)

3
| 11의 20에 대한 비 |

분수 (　　　　　)

소수 (　　　　　)

4
| 17과 25의 비 |

분수 (　　　　　)

소수 (　　　　　)

🕐 비율을 백분율로 나타내시오. (5~8)

5 $\dfrac{3}{4}$ ➡ (　　　　　)

6 $\dfrac{27}{50}$ ➡ (　　　　　)

7 0.7 ➡ (　　　　　)

8 0.96 ➡ (　　　　　)

🕐 백분율을 기약분수와 소수로 나타내시오. (9~10)

9 | 64 % |

분수 (　　　　　)

소수 (　　　　　)

10 | 125 % |

분수 (　　　　　)

소수 (　　　　　)

⏰ □ 안에 알맞은 수를 써넣으시오. (11 ~ 14)

11
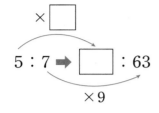

12
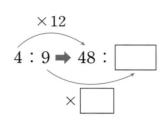

13
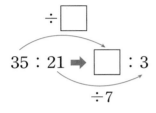

14
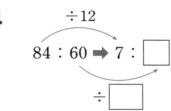

⏰ 가장 간단한 자연수의 비로 나타내시오. (15 ~ 22)

15 $40 : 45 \Rightarrow$ ☐ : ☐

16 $110 : 154 \Rightarrow$ ☐ : ☐

17 $0.7 : 0.21 \Rightarrow$ ☐ : ☐

18 $0.64 : 0.56 \Rightarrow$ ☐ : ☐

19 $\dfrac{1}{4} : \dfrac{8}{15} \Rightarrow$ ☐ : ☐

20 $1\dfrac{4}{5} : \dfrac{3}{4} \Rightarrow$ ☐ : ☐

21 $2\dfrac{2}{3} : 1.5 \Rightarrow$ ☐ : ☐

22 $1.9 : 3\dfrac{4}{5} \Rightarrow$ ☐ : ☐

크라운을 도전하세요!

🕐 비례식의 성질을 이용하여 □ 안에 알맞은 수를 써넣으시오. (23 ~ 30)

23 $3 : 5 = 36 : \boxed{}$

24 $\boxed{} : 65 = 6 : 13$

25 $3.6 : 2.7 = 4 : \boxed{}$

26 $\boxed{} : 9 = 6.3 : 8.1$

27 $\dfrac{7}{12} : \dfrac{14}{15} = \boxed{} : 8$

28 $3 : \boxed{} = 3\dfrac{1}{3} : 1\dfrac{1}{9}$

29 $1\dfrac{3}{4} : 2.2 = \boxed{} : 44$

30 $10 : \boxed{} = \dfrac{1}{6} : 0.05$

🕐 수를 주어진 비로 비례배분하여 빈 곳에 써넣으시오. (31 ~ 24)

31
70
$2 : 3$ ➡ $\boxed{} , \boxed{}$
$5 : 2$ ➡ $\boxed{} , \boxed{}$

32
56
$3 : 4$ ➡ $\boxed{} , \boxed{}$
$5 : 3$ ➡ $\boxed{} , \boxed{}$

33
200
$9 : 1$ ➡ $\boxed{} , \boxed{}$
$3 : 7$ ➡ $\boxed{} , \boxed{}$

34
288
$5 : 7$ ➡ $\boxed{} , \boxed{}$
$10 : 8$ ➡ $\boxed{} , \boxed{}$

3

원의 넓이

1 원주 구하기 (1)

- 원의 둘레의 길이를 원주라고 합니다.
- 원의 지름에 대한 원주의 비를 원주율이라고 합니다.

$$(원주율) = (원주) \div (지름)$$

- 원주율을 소수로 나타내면 3.141592…와 같이 끝없이 써야 합니다.
  따라서 필요에 따라 3, 3.1, 3.14 등으로 어림하여 사용합니다.
- $(원주율) = (원주) \div (지름)$ ➡ $(원주) = (지름) \times (원주율)$
  $= (반지름) \times 2 \times (원주율)$

🕐 한 변의 길이가 2 cm인 정육각형, 지름이 4 cm인 원, 한 변의 길이가 4 cm인 정사각형을 보고 □ 안에 알맞은 수를 써넣으시오. (1~3)

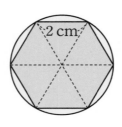
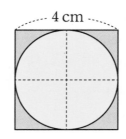

1 정육각형의 둘레는 지름의 3배입니다.

원주는 정육각형의 둘레보다 크므로 지름의 □배보다 큽니다.

2 정사각형의 둘레는 지름의 □배입니다.

원주는 정사각형의 둘레보다 작으므로 지름의 □배보다 작습니다.

3 $(원의 지름) \times \boxed{} < (원주) < (원의 지름) \times \boxed{}$

➡ $4 \times \boxed{} < (원주) < 4 \times \boxed{}$

⏰ □ 안에 알맞은 수를 써넣으시오. (4 ~ 8)

4

원주: 15 cm, 지름: 5 cm ➡ (원주)÷(지름)= □

5

원주: 12.4 cm, 지름: 4 cm ➡ (원주)÷(지름)= □

6

원주: 18.84 cm, 지름: 6 cm ➡ (원주)÷(지름)= □

7

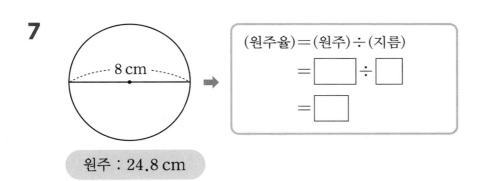

원주 : 24.8 cm

(원주율)=(원주)÷(지름)

= □ ÷ □

= □

8

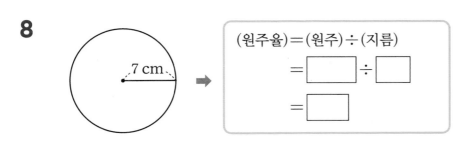

원주 : 43.96 cm

(원주율)=(원주)÷(지름)

= □ ÷ □

= □

1 원주 구하기 (2)

⏰ 원주를 구하려고 합니다. □ 안에 알맞은 수를 써넣으시오. (1 ~ 8)

1

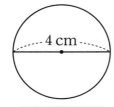
4 cm

원주율: 3

(원주) = □ × 3

= □ (cm)

2

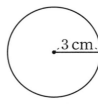
3 cm

원주율: 3

(원주) = □ × 2 × 3

= □ (cm)

3

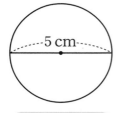
5 cm

원주율: 3.1

(원주) = □ × 3.1

= □ (cm)

4

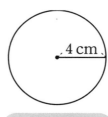
4 cm

원주율: 3.1

(원주) = □ × 2 × 3.1

= □ (cm)

5

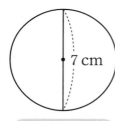
7 cm

원주율: 3.1

(원주) = □ × □

= □ (cm)

6

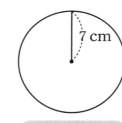
7 cm

원주율: 3.1

(원주) = □ × 2 × □

= □ (cm)

7

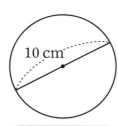
10 cm

원주율: 3.14

(원주) = □ × □

= □ (cm)

8

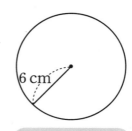
6 cm

원주율: 3.14

(원주) = □ × 2 × □

= □ (cm)

계산은 빠르고 정확하게!

걸린 시간	1~4분	4~6분	6~8분
맞은 개수	15~16개	12~14개	1~11개
평가	참 잘했어요.	잘했어요.	좀더 노력해요.

⏰ 원주를 구하시오. (원주율: 3) (9 ~ 16)

9

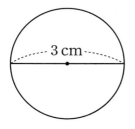

3 cm

(   )

10

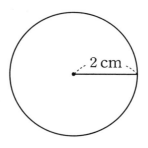

2 cm

(   )

11

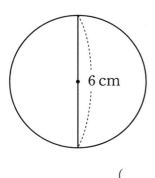

6 cm

(   )

12

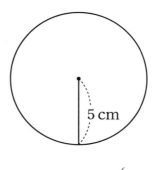

5 cm

(   )

13

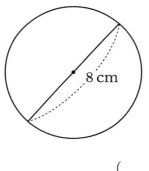

8 cm

(   )

14

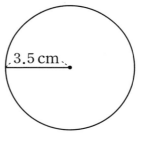

3.5 cm

(   )

15

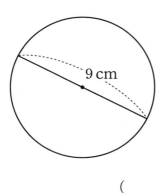

9 cm

(   )

16

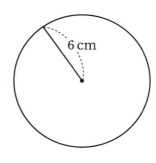

6 cm

(   )

🕐 **원주를 구하시오. (원주율: 3.1) (1~8)**

1

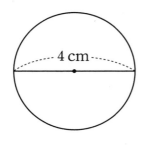

4 cm

(   )

2

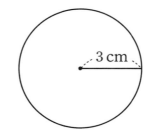

3 cm

(   )

3

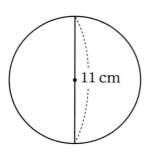

11 cm

(   )

4

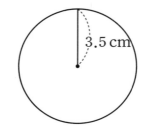

3.5 cm

(   )

5

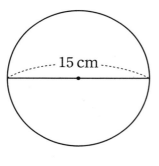

15 cm

(   )

6

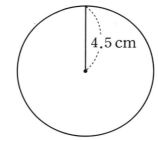

4.5 cm

(   )

7

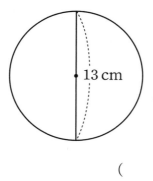

13 cm

(   )

8

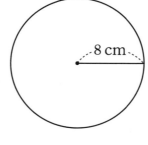

8 cm

(   )

계산은 빠르고 정확하게!

걸린 시간	1~6분	6~9분	9~12분
맞은 개수	15~16개	12~14개	1~11개
평가	참 잘했어요.	잘했어요.	좀더 노력해요.

🕐 원주를 구하시오. (원주율: 3.14) (9~16)

9

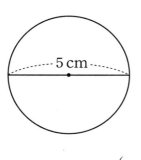

5 cm

( )

10

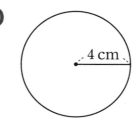

4 cm

( )

11

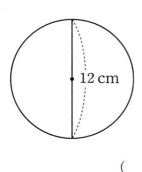

12 cm

( )

12

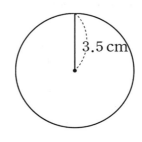

3.5 cm

( )

13

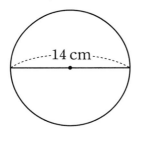

14 cm

( )

14

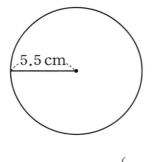

5.5 cm

( )

15

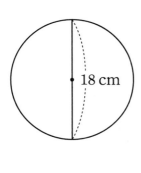

18 cm

( )

16

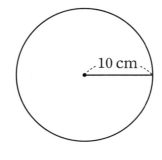

10 cm

( )

2 원의 지름, 반지름 구하기 (1)

학습 날짜

월
일

(원주율)＝(원주)÷(지름) ➡ (지름)＝(원주)÷(원주율)

　　　　　　　　　　(반지름)＝(원주)÷(원주율)÷2

예) 원주가 12.56 cm인 원의 지름과 반지름 구하기(원주율: 3.14)

원주: 12.56 cm

(지름)＝(원주)÷(원주율)

＝12.56÷3.14＝4(cm)

(반지름)＝(원주)÷(원주율)÷2

＝12.56÷3.14÷2＝2(cm)

⏰ 지름을 구하시오. (원주율: 3) (1~6)

1

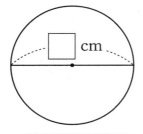

□ cm

원주: 18 cm

2

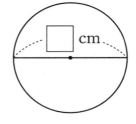

□ cm

원주: 15 cm

3

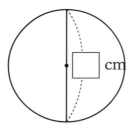

□ cm

원주: 24 cm

4

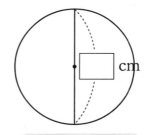

□ cm

원주: 30 cm

5

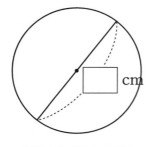

□ cm

원주: 36 cm

6

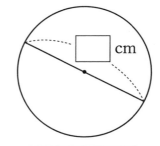

□ cm

원주: 42 cm

🕐 **반지름을 구하시오. (원주율: 3) (7~14)**

7
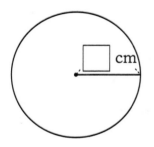
원주: 12 cm

8
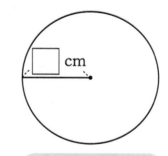
원주: 30 cm

9
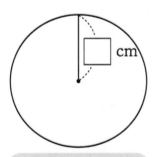
원주: 24 cm

10
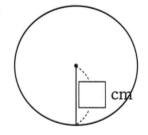
원주: 18 cm

11
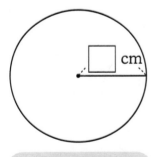
원주: 36 cm

12
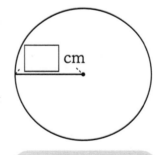
원주: 33 cm

13
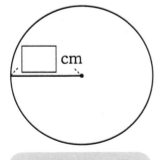
원주: 45 cm

14
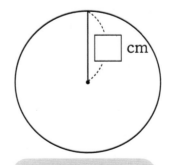
원주: 48 cm

2 원의 지름, 반지름 구하기 (2)

⏰ 지름을 구하시오. (원주율: 3.1) (1~8)

1

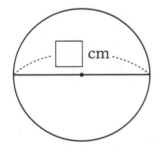

원주: 18.6 cm

2

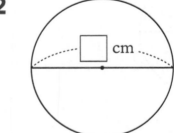

원주: 15.5 cm

3

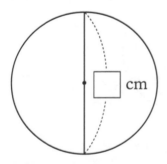

원주: 21.7 cm

4

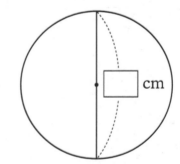

원주: 31 cm

5

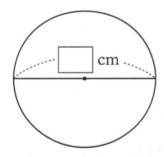

원주: 46.5 cm

6

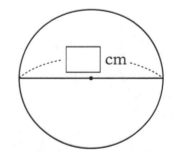

원주: 58.9 cm

7

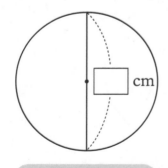

원주: 68.2 cm

8

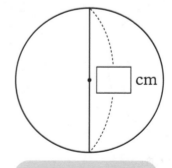

원주: 93 cm

계산은 빠르고 정확하게!

걸린 시간	1~5분	5~8분	8~10분
맞은 개수	15~16개	12~14개	1~11개
평가	참 잘했어요.	잘했어요.	좀더 노력해요.

⏰ 반지름을 구하시오. (원주율: 3.1) (9~16)

9

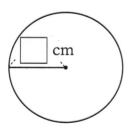

원주: 12.4 cm

10

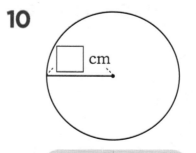

원주: 24.8 cm

11

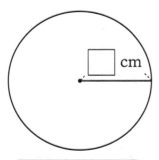

원주: 43.4 cm

12

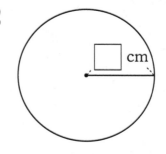

원주: 37.2 cm

13

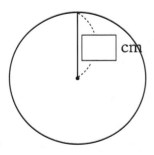

원주: 27.9 cm

14

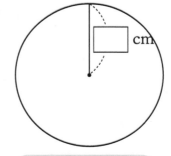

원주: 40.3 cm

15

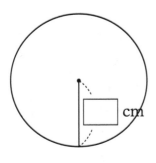

원주: 62 cm

16

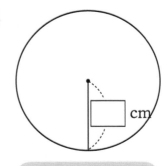

원주: 74.4 cm

⏰ **지름을 구하시오. (원주율: 3.14) (1~8)**

1

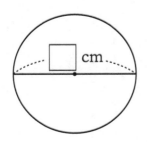

□ cm

원주: 12.56 cm

2

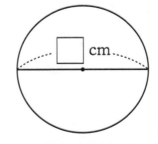

□ cm

원주: 21.98 cm

3

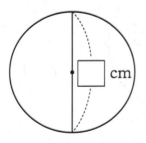

□ cm

원주: 15.7 cm

4

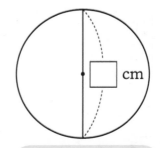

□ cm

원주: 18.84 cm

5

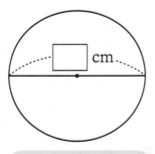

□ cm

원주: 31.4 cm

6

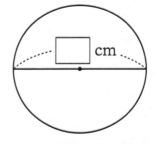

□ cm

원주: 47.1 cm

7

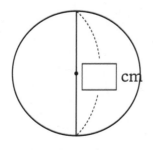

□ cm

원주: 78.5 cm

8

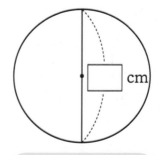

□ cm

원주: 62.8 cm

계산은 빠르고 정확하게!

걸린 시간	1~6분	6~9분	9~12분
맞은 개수	15~16개	12~14개	1~11개
평가	참 잘했어요.	잘했어요.	좀더 노력해요.

⏰ 반지름을 구하시오. (원주율: 3.14) (9 ~ 16)

9

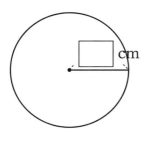

원주: 9.42 cm

10

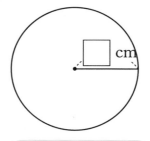

원주: 18.84 cm

11

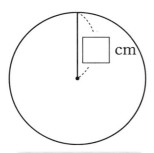

원주: 25.12 cm

12

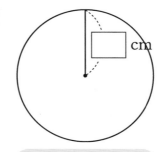

원주: 28.26 cm

13

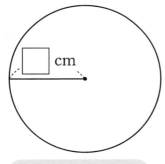

원주: 50.24 cm

14

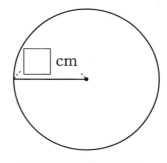

원주: 37.68 cm

15

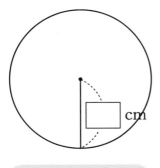

원주: 69.08 cm

16

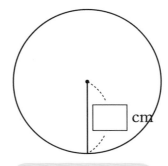

원주: 94.2 cm

3 원의 넓이 구하기(1)

✿ 원의 넓이 어림하기

① 원의 넓이와 원 밖의 정사각형의 넓이를 비교합니다.

(원의 넓이)$< 8 \times 8 = 64(\text{cm}^2)$

② 원의 넓이와 원 안의 마름모의 넓이를 비교합니다.

$8 \times 8 \div 2 = 32(\text{cm}^2) <$ (원의 넓이)

③ $32\,\text{cm}^2 <$ (원의 넓이) $< 64\,\text{cm}^2$이므로 원의 넓이는
약 $48\,\text{cm}^2$라고 어림할 수 있습니다.

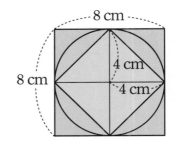

✿ 원의 넓이 구하는 방법 알아보기

(원의 넓이)$= \left(\text{원주의 } \dfrac{1}{2} \right) \times (\text{반지름}) = (\text{지름}) \times (\text{원주율}) \times \dfrac{1}{2} \times (\text{반지름})$

$= (\text{반지름}) \times (\text{반지름}) \times (\text{원주율})$

🕐 지름이 10 cm인 원의 넓이를 어림하려고 합니다. ☐ 안에 알맞은
수를 써넣으시오. (1~3)

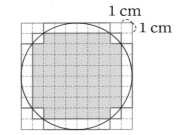

1 원 안의 색칠된 모눈의 수가 ☐ 개이므로 원의 넓이는

☐ cm²보다 큽니다.

2 원 밖의 초록색 선 안쪽 모눈의 수가 ☐ 개이므로 원의 넓이는 ☐ cm²보다 작습니다.

3 원의 넓이를 어림하면 ☐ cm² < (원의 넓이) < ☐ cm²입니다.

⏰ 원을 한없이 잘게 잘라 붙여 직사각형을 만들었습니다. ☐ 안에 알맞은 수를 써넣고, 직사각형의 넓이를 이용하여 원의 넓이를 구하시오. (4 ~ 7)

4

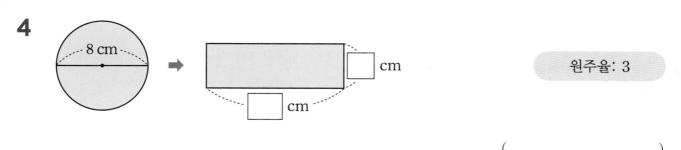

원주율: 3

(   )

5

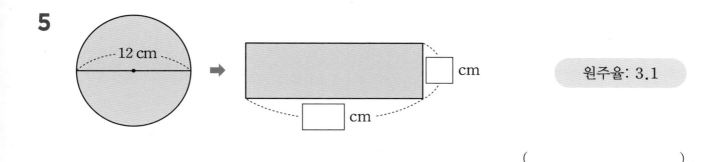

원주율: 3.1

(   )

6

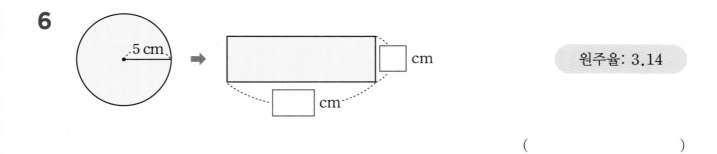

원주율: 3.14

(   )

7

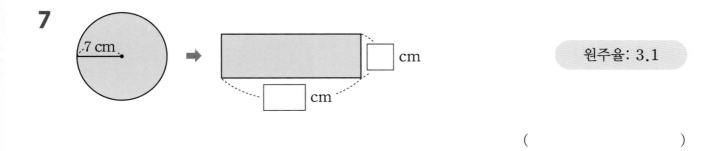

원주율: 3.1

(   )

3 원의 넓이 구하기(2)

⏰ 원의 넓이를 구하시오. (원주율: 3) (1~8)

1

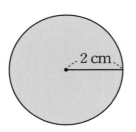
2 cm

(   )

2

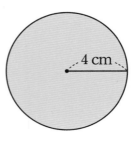
4 cm

(   )

3

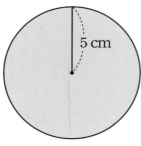
5 cm

(   )

4

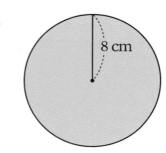
8 cm

(   )

5

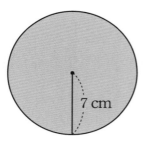
7 cm

(   )

6

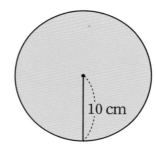
10 cm

(   )

7

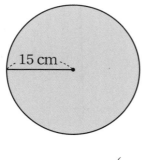
15 cm

(   )

8

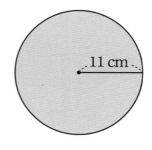
11 cm

(   )

⏰ 원의 넓이를 구하시오. (원주율: 3) (9 ~ 16)

9

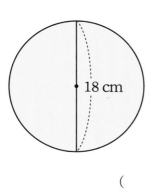

6 cm

(   )

10

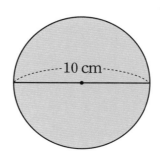

10 cm

(   )

11

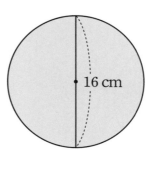

18 cm

(   )

12

16 cm

(   )

13

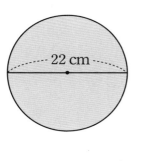

22 cm

(   )

14

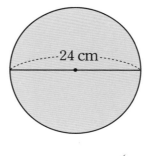

24 cm

(   )

15

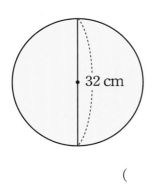

32 cm

(   )

16

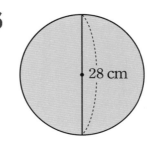

28 cm

(   )

3 원의 넓이 구하기(3)

🕐 원의 넓이를 구하시오. (원주율: 3.1) (1~8)

1

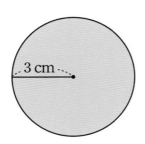

3 cm

(   )

2

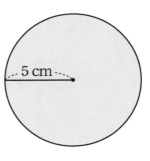

5 cm

(   )

3

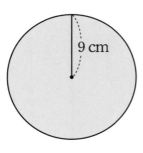

9 cm

(   )

4

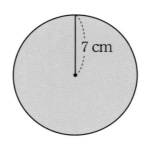

7 cm

(   )

5

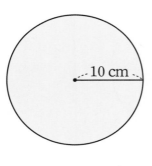

10 cm

(   )

6

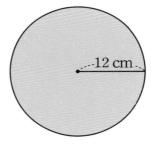

12 cm

(   )

7

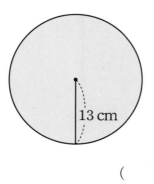

13 cm

(   )

8

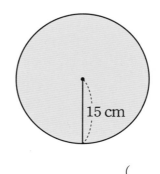

15 cm

(   )

계산은 빠르고 정확하게!

걸린 시간	1~5분	5~8분	8~10분
맞은 개수	15~16개	12~14개	1~11개
평가	참 잘했어요.	잘했어요.	좀더 노력해요.

원의 넓이를 구하시오. (원주율: 3.1) **(9 ~ 16)**

9

4 cm

(   )

10

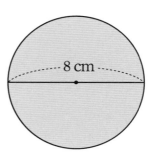
8 cm

(   )

11

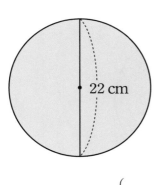
22 cm

(   )

12

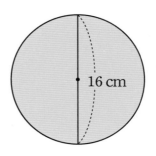
16 cm

(   )

13

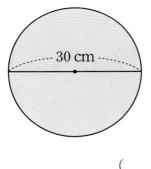
30 cm

(   )

14

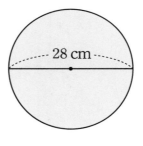
28 cm

(   )

15

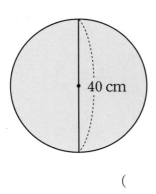
40 cm

(   )

16

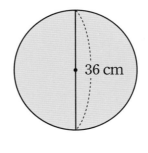
36 cm

(   )

원의 넓이 구하기(4)

⏰ 원의 넓이를 구하시오. (원주율: 3.14) (1~8)

1
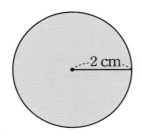
2 cm

(   )

2
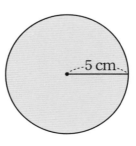
5 cm

(   )

3
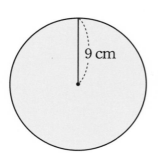
9 cm

(   )

4
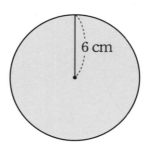
6 cm

(   )

5
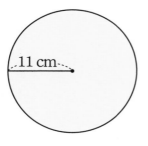
11 cm

(   )

6
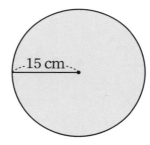
15 cm

(   )

7
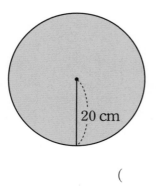
20 cm

(   )

8
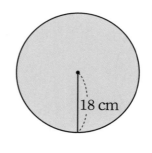
18 cm

(   )

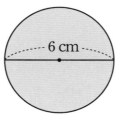

걸린 시간	1~6분	6~9분	9~12분
맞은 개수	15~16개	13~14개	1~12개
평가	참 잘했어요.	잘했어요.	좀더 노력해요.

🕐 원의 넓이를 구하시오. (원주율: 3.14) (9 ~ 16)

9

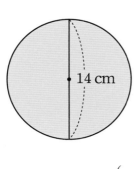

8 cm

(   )

10

6 cm

(   )

11

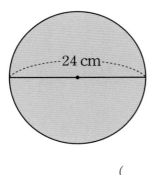

14 cm

(   )

12

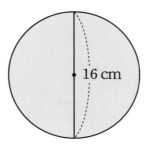

16 cm

(   )

13

24 cm

(   )

14

20 cm

(   )

15

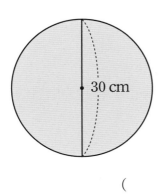

30 cm

(   )

16

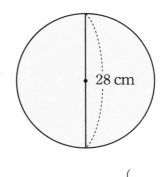

28 cm

(   )

3 원의 넓이 구하기 (5)

⏰ 색칠한 부분의 넓이를 구하시오. (원주율: 3) (1~4)

1

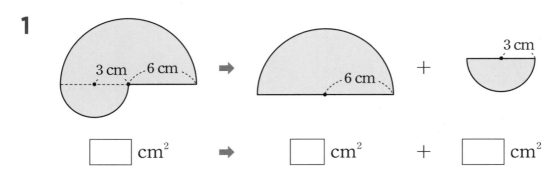

☐ cm² ➡ ☐ cm² + ☐ cm²

2

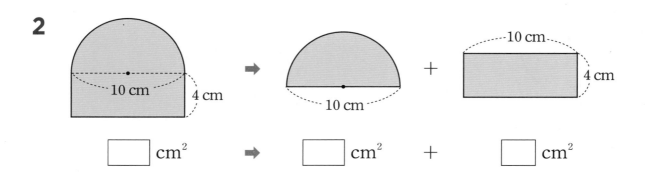

☐ cm² ➡ ☐ cm² + ☐ cm²

3

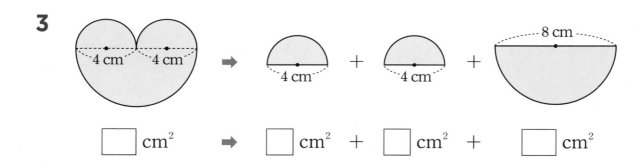

☐ cm² ➡ ☐ cm² + ☐ cm² + ☐ cm²

4

☐ cm² ➡ ☐ cm² + ☐ cm² + ☐ cm²

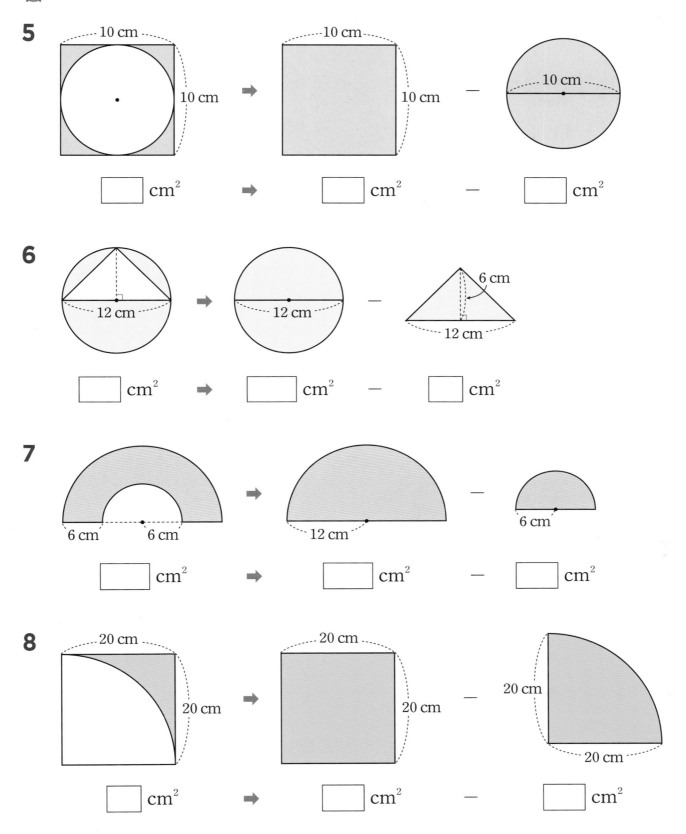

🕐 색칠한 부분의 넓이를 구하시오. (원주율: 3.1) (5~8)

5
10 cm
10 cm

⟶ 10 cm
10 cm

− 10 cm

☐ cm² ➡ ☐ cm² − ☐ cm²

6
12 cm

⟶ 12 cm

− 6 cm
12 cm

☐ cm² ➡ ☐ cm² − ☐ cm²

7
6 cm   6 cm

⟶ 12 cm

− 6 cm

☐ cm² ➡ ☐ cm² − ☐ cm²

8
20 cm
20 cm

⟶ 20 cm
20 cm

− 20 cm
20 cm

☐ cm² ➡ ☐ cm² − ☐ cm²

4 신기한 연산

⏰ 그림을 보고 물음에 답하시오. (원주율: 3) **(1~4)**

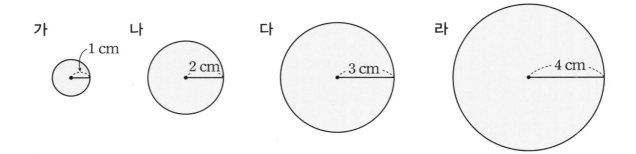

1 원주를 각각 구하여 표를 완성하시오.

원	가	나	다	라
원주(cm)				

2 ☐ 안에 알맞은 수를 써넣으시오.

> 반지름이 2배, 3배, 4배가 되면 원주는 ☐배, ☐배, ☐배가 됩니다.

3 원의 넓이를 각각 구하여 표를 완성하시오.

원	가	나	다	라
넓이(cm^2)				

4 ☐ 안에 알맞은 수를 써넣으시오.

> 반지름이 2배, 3배, 4배가 되면 원의 넓이는 ☐배, ☐배, ☐배가 됩니다.

효근이네 동네에 있는 운동장 트랙에는 그림과 같이 안쪽부터 3개의 레인이 있습니다. 물음에 답하시오. (단, 한 레인의 폭은 1 m로 일정하고, 레인의 안쪽 선을 따라 달립니다.)

(원주율: 3.14) **(5~8)**

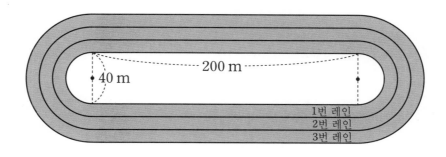

5 1번 레인에서 운동장 트랙을 한 바퀴 돌면 모두 몇 m를 달리게 됩니까?

$$40 \times 3.14 + 200 \times 2 = \boxed{} \,(\text{m})$$

6 2번 레인에서 운동장 트랙을 한 바퀴 돌면 모두 몇 m를 달리게 됩니까?

$$(40 + \boxed{}) \times 3.14 + 200 \times \boxed{} = \boxed{} \,(\text{m})$$

7 3번 레인에서 운동장 트랙을 한 바퀴 돌면 모두 몇 m를 달리게 됩니까?

$$(40 + \boxed{}) \times 3.14 + 200 \times \boxed{} = \boxed{} \,(\text{m})$$

8 운동장 트랙을 한 바퀴 도는 경기를 할 때 공정한 경기가 되려면 1번 레인을 기준으로 2번 레인과 3번 레인은 얼마나 더 앞에서 출발해야 합니까?

2번 레인: $\boxed{}$ m

3번 레인: $\boxed{}$ m

확인 평가

⏰ □ 안에 알맞은 수를 써넣으시오. (1~3)

1
원주: 24 cm, 지름: 8 cm ➡ (원주)÷(지름)=□

2
원주: 37.2 cm, 지름: 12 cm ➡ (원주)÷(지름)=□

3
원주: 47.1 cm, 지름: 15 cm ➡ (원주)÷(지름)=□

⏰ 원주를 구하시오. (원주율: 3.1) (4~9)

4
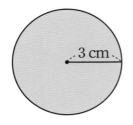
3 cm

( )

5
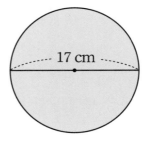
17 cm

( )

6

7.5 cm

( )

7
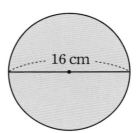
16 cm

( )

8
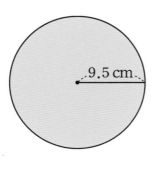
9.5 cm

( )

9
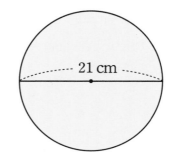
21 cm

( )

⏰ 원의 지름과 반지름을 각각 구하시오. (원주율: 3.14) (10 ~ 17)

10

지름: ☐ cm

반지름: ☐ cm

원주: 18.84 cm

11

지름: ☐ cm

반지름: ☐ cm

원주: 25.12 cm

12

지름: ☐ cm

반지름: ☐ cm

원주: 37.68 cm

13

지름: ☐ cm

반지름: ☐ cm

원주: 31.4 cm

14

지름: ☐ cm

반지름: ☐ cm

원주: 40.82 cm

15

지름: ☐ cm

반지름: ☐ cm

원주: 50.24 cm

16

지름: ☐ cm

반지름: ☐ cm

원주: 62.8 cm

17

지름: ☐ cm

반지름: ☐ cm

원주: 87.92 cm

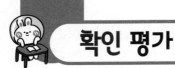

⏰ 원의 넓이를 구하시오. (원주율: 3.1) (18 ~ 23)

18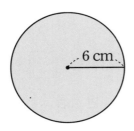
6 cm

( )

19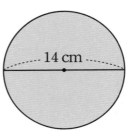
14 cm

( )

20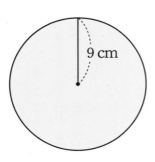
9 cm

( )

21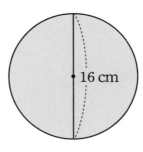
16 cm

( )

22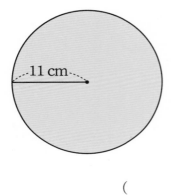
11 cm

( )

23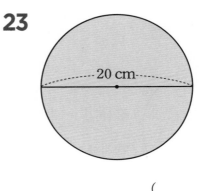
20 cm

( )

⏰ 색칠한 부분의 넓이를 구하시오. (원주율: 3) (24 ~ 25)

24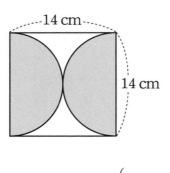
14 cm
14 cm

( )

25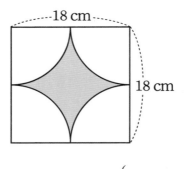
18 cm
18 cm

( )

초등 수학의 기본은 연산력!!

신기한 연산왕

정답 F-2 초6 수준

정답

정답

1 분모가 같은 (진분수)÷(진분수)(1)   월 일

> 📐 분자끼리 나누어떨어지는 분모가 같은 (진분수)÷(진분수)
>
> **방법①** 분자끼리 나누어 계산합니다.
>
> $$\frac{4}{9} \div \frac{2}{9} = 4 \div 2 = 2$$
>
> **방법②** 나눗셈을 곱셈으로 바꾸고 나누는 진분수의 분모와 분자를 바꾸어 분수의 곱셈으로 고쳐서 계산합니다.
>
> $$\frac{4}{9} \div \frac{2}{9} = \frac{4}{9} \times \frac{9}{2} = \frac{36}{18} = 2 \qquad \frac{4}{9} \div \frac{2}{9} = \frac{\cancel{4}^{2}}{\cancel{9}} \times \frac{\cancel{9}}{\cancel{2}} = 2$$

⏰ 그림을 보고 □안에 알맞은 수를 써넣으시오. (1~3)

1
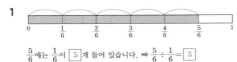

$\frac{5}{6}$에는 $\frac{1}{6}$이 $\boxed{5}$개 들어 있습니다. ➡ $\frac{5}{6} \div \frac{1}{6} = \boxed{5}$

2
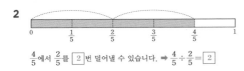

$\frac{4}{5}$에서 $\frac{2}{5}$를 $\boxed{2}$번 덜어낼 수 있습니다. ➡ $\frac{4}{5} \div \frac{2}{5} = \boxed{2}$

3
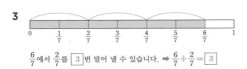

$\frac{6}{7}$에서 $\frac{2}{7}$를 $\boxed{3}$번 덜어 낼 수 있습니다. ➡ $\frac{6}{7} \div \frac{2}{7} = \boxed{3}$

계산은 빠르고 정확하게!

걸린 시간	1~4분	4~6분	6~8분
맞은 개수	9~10개	7~8개	1~6개
평가	참 잘했어요.	잘했어요.	좀더 노력해요.

⏰ □ 안에 알맞은 수를 써넣으시오. (4~10)

4 $\frac{3}{5}$에는 $\frac{1}{5}$이 $\boxed{3}$개 들어 있으므로 $\frac{3}{5} \div \frac{1}{5} = \boxed{3}$입니다.

5 $\frac{5}{7}$에는 $\frac{1}{7}$이 $\boxed{5}$개 들어 있으므로 $\frac{5}{7} \div \frac{1}{7} = \boxed{5}$입니다.

6 $\frac{8}{9}$은 $\frac{1}{9}$이 $\boxed{8}$개이고 $\frac{4}{9}$는 $\frac{1}{9}$이 $\boxed{4}$개이므로 $\frac{8}{9} \div \frac{4}{9} = \boxed{2}$입니다.

7 $\frac{6}{7}$은 $\frac{1}{7}$이 $\boxed{6}$개이고 $\frac{3}{7}$은 $\frac{1}{7}$이 $\boxed{3}$개이므로 $\frac{6}{7} \div \frac{3}{7} = \boxed{2}$입니다.

8 $\frac{9}{10}$는 $\frac{1}{10}$이 $\boxed{9}$개이고 $\frac{3}{10}$은 $\frac{1}{10}$이 $\boxed{3}$개이므로 $\frac{9}{10} \div \frac{3}{10} = \boxed{3}$입니다.

9 $\frac{12}{13}$는 $\frac{1}{13}$이 $\boxed{12}$개이고 $\frac{4}{13}$는 $\frac{1}{13}$이 $\boxed{4}$개이므로 $\frac{12}{13} \div \frac{4}{13} = \boxed{3}$입니다.

10 $\frac{15}{17}$는 $\frac{1}{17}$이 $\boxed{15}$개이고 $\frac{3}{17}$은 $\frac{1}{17}$이 $\boxed{3}$개이므로 $\frac{15}{17} \div \frac{3}{17} = \boxed{5}$입니다.

---

1 분모가 같은 (진분수)÷(진분수)(2)   월 일

⏰ □ 안에 알맞은 수를 써넣으시오. (1~14)

1 $\frac{2}{3} \div \frac{1}{3} = \boxed{2} \div \boxed{1} = \boxed{2}$

2 $\frac{3}{4} \div \frac{1}{4} = \boxed{3} \div \boxed{1} = \boxed{3}$

3 $\frac{5}{8} \div \frac{1}{8} = \boxed{5} \div \boxed{1} = \boxed{5}$

4 $\frac{7}{10} \div \frac{1}{10} = \boxed{7} \div \boxed{1} = \boxed{7}$

5 $\frac{4}{9} \div \frac{2}{9} = \boxed{4} \div \boxed{2} = \boxed{2}$

6 $\frac{6}{7} \div \frac{2}{7} = \boxed{6} \div \boxed{2} = \boxed{3}$

7 $\frac{8}{11} \div \frac{4}{11} = \boxed{8} \div \boxed{4} = \boxed{2}$

8 $\frac{10}{13} \div \frac{2}{13} = \boxed{10} \div \boxed{2} = \boxed{5}$

9 $\frac{14}{15} \div \frac{7}{15} = \boxed{14} \div \boxed{7} = \boxed{2}$

10 $\frac{18}{19} \div \frac{6}{19} = \boxed{18} \div \boxed{6} = \boxed{3}$

11 $\frac{15}{22} \div \frac{5}{22} = \boxed{15} \div \boxed{5} = \boxed{3}$

12 $\frac{18}{25} \div \frac{3}{25} = \boxed{18} \div \boxed{3} = \boxed{6}$

13 $\frac{16}{17} \div \frac{4}{17} = \boxed{16} \div \boxed{4} = \boxed{4}$

14 $\frac{24}{29} \div \frac{6}{29} = \boxed{24} \div \boxed{6} = \boxed{4}$

계산은 빠르고 정확하게!

걸린 시간	1~5분	5~8분	8~10분
맞은 개수	26~28개	20~25개	1~19개
평가	참 잘했어요.	잘했어요.	좀더 노력해요.

⏰ 계산을 하시오. (15~28)

15 $\frac{2}{5} \div \frac{1}{5} = 2$ **16** $\frac{3}{7} \div \frac{1}{7} = 3$

17 $\frac{8}{9} \div \frac{1}{9} = 8$ **18** $\frac{5}{6} \div \frac{1}{6} = 5$

19 $\frac{4}{5} \div \frac{2}{5} = 2$ **20** $\frac{6}{7} \div \frac{3}{7} = 2$

21 $\frac{9}{10} \div \frac{3}{10} = 3$ **22** $\frac{12}{17} \div \frac{4}{17} = 3$

23 $\frac{16}{19} \div \frac{8}{19} = 2$ **24** $\frac{20}{21} \div \frac{5}{21} = 4$

25 $\frac{27}{28} \div \frac{9}{28} = 3$ **26** $\frac{26}{27} \div \frac{13}{27} = 2$

27 $\frac{33}{34} \div \frac{11}{34} = 3$ **28** $\frac{36}{37} \div \frac{12}{37} = 3$

1 분모가 같은 (진분수)÷(진분수)(3)

학습 날짜 월 일

계산은 빠르고 정확하게!

걸린 시간	1~6분	6~9분	9~12분
맞은 개수	22~24개	17~21개	1~16개
평가	참 잘했어요.	잘했어요.	좀더 노력해요.

⏰ □ 안에 알맞은 수를 써넣으시오. (1~10)

1 $\frac{3}{4} \div \frac{1}{4} = \frac{3}{4} \times \frac{\boxed{4}}{\boxed{1}} = \frac{3 \times \boxed{4}}{4 \times \boxed{1}} = \frac{\boxed{12}}{\boxed{4}} = \boxed{3}$

2 $\frac{6}{7} \div \frac{3}{7} = \frac{6}{7} \times \frac{\boxed{7}}{\boxed{3}} = \frac{6 \times \boxed{7}}{7 \times \boxed{3}} = \frac{\boxed{42}}{\boxed{21}} = \boxed{2}$

3 $\frac{12}{13} \div \frac{4}{13} = \frac{12}{13} \times \frac{\boxed{13}}{\boxed{4}} = \frac{12 \times \boxed{13}}{13 \times \boxed{4}} = \frac{\boxed{156}}{\boxed{52}} = \boxed{3}$

4 $\frac{14}{15} \div \frac{2}{15} = \frac{14}{15} \times \frac{\boxed{15}}{\boxed{2}} = \frac{14 \times \boxed{15}}{15 \times \boxed{2}} = \frac{\boxed{210}}{\boxed{30}} = \boxed{7}$

5 $\frac{4}{9} \div \frac{2}{9} = \frac{\overset{2}{\cancel{4}}}{\cancel{9}} \times \frac{\overset{1}{\cancel{9}}}{\cancel{2}} = \boxed{2}$

6 $\frac{6}{11} \div \frac{2}{11} = \frac{\overset{3}{\cancel{6}}}{\cancel{11}} \times \frac{\overset{1}{\cancel{11}}}{\cancel{2}} = \boxed{3}$

7 $\frac{9}{13} \div \frac{3}{13} = \frac{\overset{3}{\cancel{9}}}{\cancel{13}} \times \frac{\overset{1}{\cancel{13}}}{\cancel{3}} = \boxed{3}$

8 $\frac{10}{17} \div \frac{5}{17} = \frac{\overset{2}{\cancel{10}}}{\cancel{17}} \times \frac{\overset{1}{\cancel{17}}}{\cancel{5}} = \boxed{2}$

9 $\frac{18}{19} \div \frac{9}{19} = \frac{\overset{2}{\cancel{18}}}{\cancel{19}} \times \frac{\overset{1}{\cancel{19}}}{\cancel{9}} = \boxed{2}$

10 $\frac{8}{15} \div \frac{4}{15} = \frac{\overset{2}{\cancel{8}}}{\cancel{15}} \times \frac{\overset{1}{\cancel{15}}}{\cancel{4}} = \boxed{2}$

⏰ 계산을 하시오. (11~24)

11 $\frac{8}{9} \div \frac{1}{9} = 8$

12 $\frac{5}{6} \div \frac{5}{6} = 1$

13 $\frac{6}{11} \div \frac{3}{11} = 2$

14 $\frac{9}{14} \div \frac{3}{14} = 3$

15 $\frac{14}{15} \div \frac{7}{15} = 2$

16 $\frac{15}{16} \div \frac{3}{16} = 5$

17 $\frac{12}{13} \div \frac{2}{13} = 6$

18 $\frac{14}{17} \div \frac{7}{17} = 2$

19 $\frac{18}{25} \div \frac{3}{25} = 6$

20 $\frac{21}{26} \div \frac{7}{26} = 3$

21 $\frac{20}{21} \div \frac{5}{21} = 4$

22 $\frac{18}{29} \div \frac{6}{29} = 3$

23 $\frac{35}{39} \div \frac{5}{39} = 7$

24 $\frac{39}{47} \div \frac{13}{47} = 3$

---

1 분모가 같은 (진분수)÷(진분수)(4)

학습 날짜 월 일

📌 분자끼리 나누어떨어지지 않는 분모가 같은 (진분수)÷(진분수)

방법 ① 분자끼리 나누어 계산합니다.

$$\frac{4}{5} \div \frac{3}{5} = 4 \div 3 = \frac{4}{3} = 1\frac{1}{3}$$

방법 ② 나눗셈을 곱셈으로 바꾸고 나누는 진분수의 분모와 분자를 바꾸어 분수의 곱셈으로 고쳐서 계산합니다.

$$\frac{4}{5} \div \frac{3}{5} = \frac{4}{5} \times \frac{5}{3} = \frac{20}{15} = \frac{4}{3} = 1\frac{1}{3} \qquad \frac{4}{5} \div \frac{3}{5} = \frac{4}{\cancel{5}} \times \frac{\cancel{5}}{3} = \frac{4}{3} = 1\frac{1}{3}$$

⏰ 그림을 보고 □ 안에 알맞은 수를 써넣으시오. (1~2)

1 $\frac{5}{7} \div \frac{2}{7}$ ➡

$5 \div 2$ ➡

$$\frac{5}{7} \div \frac{2}{7} = 5 \div \boxed{2} = \frac{5}{\boxed{2}} = \boxed{2\frac{1}{2}}$$

2 $\frac{7}{10} \div \frac{3}{10}$ ➡

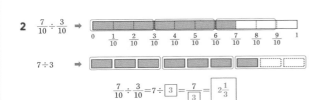

$7 \div 3$ ➡

$$\frac{7}{10} \div \frac{3}{10} = 7 \div \boxed{3} = \frac{7}{\boxed{3}} = \boxed{2\frac{1}{3}}$$

⏰ □ 안에 알맞은 수를 써넣으시오. (3~7)

3 $\frac{2}{5}$는 $\frac{1}{5}$이 $\boxed{2}$개이고 $\frac{3}{5}$은 $\frac{1}{5}$이 $\boxed{3}$개이므로 $\frac{2}{5} \div \frac{3}{5} = \boxed{2} \div \boxed{3}$ 입니다.

➡ $\frac{2}{5} \div \frac{3}{5} = \boxed{2} \div \boxed{3} = \boxed{\frac{2}{3}}$

4 $\frac{4}{9}$는 $\frac{1}{9}$이 $\boxed{4}$개이고 $\frac{7}{9}$은 $\frac{1}{9}$이 $\boxed{7}$개이므로 $\frac{4}{9} \div \frac{7}{9} = \boxed{4} \div \boxed{7}$ 입니다.

➡ $\frac{4}{9} \div \frac{7}{9} = \boxed{4} \div \boxed{7} = \boxed{\frac{4}{7}}$

5 $\frac{6}{7}$은 $\frac{1}{7}$이 $\boxed{6}$개이고 $\frac{5}{7}$는 $\frac{1}{7}$이 $\boxed{5}$개이므로 $\frac{6}{7} \div \frac{5}{7} = \boxed{6} \div \boxed{5}$ 입니다.

➡ $\frac{6}{7} \div \frac{5}{7} = \boxed{6} \div \boxed{5} = \frac{\boxed{6}}{\boxed{5}} = \boxed{1\frac{1}{5}}$

6 $\frac{5}{8}$는 $\frac{1}{8}$이 $\boxed{5}$개이고 $\frac{3}{8}$은 $\frac{1}{8}$이 $\boxed{3}$개이므로 $\frac{5}{8} \div \frac{3}{8} = \boxed{5} \div \boxed{3}$ 입니다.

➡ $\frac{5}{8} \div \frac{3}{8} = \boxed{5} \div \boxed{3} = \frac{\boxed{5}}{\boxed{3}} = \boxed{1\frac{2}{3}}$

7 $\frac{9}{11}$는 $\frac{1}{11}$이 $\boxed{9}$개이고 $\frac{4}{11}$는 $\frac{1}{11}$이 $\boxed{4}$개이므로 $\frac{9}{11} \div \frac{4}{11} = \boxed{9} \div \boxed{4}$ 입니다.

➡ $\frac{9}{11} \div \frac{4}{11} = \boxed{9} \div \boxed{4} = \frac{\boxed{9}}{\boxed{4}} = \boxed{2\frac{1}{4}}$

1 분모가 같은 (진분수)÷(진분수)(5)

월 일

계산은 빠르고 정확하게!

걸린 시간	1~6분	6~9분	9~12분
맞은 개수	26~28개	20~25개	1~19개
평가	참 잘했어요	잘했어요	좀더 노력해요

□ 안에 알맞은 수를 써넣으시오. (1~14)

1 $\frac{1}{4} \div \frac{3}{4} = \boxed{1} \div \boxed{3} = \boxed{\frac{1}{3}}$

2 $\frac{3}{5} \div \frac{2}{5} = \boxed{3} \div \boxed{2} = \boxed{\frac{3}{2}} = 1\frac{1}{2}$

3 $\frac{3}{5} \div \frac{4}{5} = \boxed{3} \div \boxed{4} = \boxed{\frac{3}{4}}$

4 $\frac{7}{8} \div \frac{3}{8} = \boxed{7} \div \boxed{3} = \boxed{\frac{7}{3}} = 2\frac{1}{3}$

5 $\frac{3}{7} \div \frac{5}{7} = \boxed{3} \div \boxed{5} = \boxed{\frac{3}{5}}$

6 $\frac{8}{9} \div \frac{5}{9} = \boxed{8} \div \boxed{5} = \boxed{\frac{8}{5}} = 1\frac{3}{5}$

7 $\frac{4}{9} \div \frac{7}{9} = \boxed{4} \div \boxed{7} = \boxed{\frac{4}{7}}$

8 $\frac{9}{14} \div \frac{5}{14} = \boxed{9} \div \boxed{5} = \boxed{\frac{9}{5}} = 1\frac{4}{5}$

9 $\frac{7}{10} \div \frac{9}{10} = \boxed{7} \div \boxed{9} = \boxed{\frac{7}{9}}$

10 $\frac{10}{15} \div \frac{7}{13} = \boxed{10} \div \boxed{7} = \boxed{\frac{10}{7}} = 1\frac{3}{7}$

11 $\frac{5}{12} \div \frac{11}{12} = \boxed{5} \div \boxed{11} = \boxed{\frac{5}{11}}$

12 $\frac{9}{11} \div \frac{4}{11} = \boxed{9} \div \boxed{4} = \boxed{\frac{9}{4}} = 2\frac{1}{4}$

13 $\frac{8}{13} \div \frac{9}{13} = \boxed{8} \div \boxed{9} = \boxed{\frac{8}{9}}$

14 $\frac{14}{15} \div \frac{11}{15} = \boxed{14} \div \boxed{11} = \boxed{\frac{14}{11}} = 1\frac{3}{11}$

계산을 하시오. (15~28)

15 $\frac{1}{5} \div \frac{4}{5} = \frac{1}{4}$

16 $\frac{4}{5} \div \frac{3}{5} = 1\frac{1}{3}$

17 $\frac{1}{6} \div \frac{5}{6} = \frac{1}{5}$

18 $\frac{6}{7} \div \frac{5}{7} = 1\frac{1}{5}$

19 $\frac{3}{8} \div \frac{5}{8} = \frac{3}{5}$

20 $\frac{5}{8} \div \frac{3}{8} = 1\frac{2}{3}$

21 $\frac{2}{9} \div \frac{7}{9} = \frac{2}{7}$

22 $\frac{7}{10} \div \frac{3}{10} = 2\frac{1}{3}$

23 $\frac{3}{14} \div \frac{11}{14} = \frac{3}{11}$

24 $\frac{11}{15} \div \frac{2}{15} = 5\frac{1}{2}$

25 $\frac{9}{13} \div \frac{10}{13} = \frac{9}{10}$

26 $\frac{17}{18} \div \frac{5}{18} = 3\frac{2}{5}$

27 $\frac{11}{23} \div \frac{20}{23} = \frac{11}{20}$

28 $\frac{21}{25} \div \frac{13}{25} = 1\frac{8}{13}$

1 분모가 같은 (진분수)÷(진분수)(6)

월 일

계산은 빠르고 정확하게!

걸린 시간	1~6분	6~9분	9~12분
맞은 개수	22~24개	17~21개	1~16개
평가	참 잘했어요	잘했어요	좀더 노력해요

□ 안에 알맞은 수를 써넣으시오. (1~10)

1 $\frac{4}{7} \div \frac{5}{7} = \frac{4}{7} \times \boxed{\frac{7}{5}} = \frac{4 \times \boxed{7}}{7 \times \boxed{5}} = \boxed{\frac{28}{35}} = \boxed{\frac{4}{5}}$

2 $\frac{7}{9} \div \frac{8}{9} = \frac{7}{9} \times \boxed{\frac{9}{8}} = \frac{7 \times \boxed{9}}{9 \times \boxed{8}} = \boxed{\frac{63}{72}} = \boxed{\frac{7}{8}}$

3 $\frac{5}{8} \div \frac{3}{8} = \frac{5}{8} \times \boxed{\frac{8}{3}} = \frac{5 \times \boxed{8}}{8 \times \boxed{3}} = \boxed{\frac{40}{24}} = \boxed{\frac{5}{3}} = \boxed{1\frac{2}{3}}$

4 $\frac{10}{11} \div \frac{3}{11} = \frac{10}{11} \times \boxed{\frac{11}{3}} = \frac{10 \times \boxed{11}}{11 \times \boxed{3}} = \boxed{\frac{110}{33}} = \boxed{\frac{10}{3}} = \boxed{3\frac{1}{3}}$

5 $\frac{2}{9} \div \frac{7}{9} = \frac{2}{9} \times \frac{\boxed{1}}{9} \cdot \frac{9}{7} = \boxed{\frac{2}{7}}$

6 $\frac{8}{11} \div \frac{3}{11} = \frac{8}{11} \times \frac{\boxed{1}}{11} \cdot \frac{11}{3} = \boxed{\frac{8}{3}} = 2\frac{2}{3}$

7 $\frac{3}{10} \div \frac{7}{10} = \frac{3}{10} \times \frac{\boxed{1}}{10} \cdot \frac{10}{7} = \boxed{\frac{3}{7}}$

8 $\frac{9}{16} \div \frac{7}{16} = \frac{9}{16} \times \frac{\boxed{1}}{16} \cdot \frac{16}{7} = \boxed{\frac{9}{7}} = 1\frac{2}{7}$

9 $\frac{4}{13} \div \frac{9}{13} = \frac{4}{13} \times \frac{\boxed{1}}{13} \cdot \frac{13}{9} = \boxed{\frac{4}{9}}$

10 $\frac{17}{20} \div \frac{9}{20} = \frac{17}{20} \times \frac{\boxed{1}}{20} \cdot \frac{20}{9} = \boxed{\frac{17}{9}} = 1\frac{8}{9}$

계산을 하시오. (11~24)

11 $\frac{1}{3} \div \frac{2}{3} = \frac{1}{2}$

12 $\frac{2}{9} \div \frac{5}{9} = \frac{2}{5}$

13 $\frac{7}{12} \div \frac{11}{12} = \frac{7}{11}$

14 $\frac{7}{13} \div \frac{12}{13} = \frac{7}{12}$

15 $\frac{9}{14} \div \frac{11}{14} = \frac{9}{11}$

16 $\frac{11}{21} \div \frac{16}{21} = \frac{11}{16}$

17 $\frac{17}{19} \div \frac{8}{19} = 2\frac{1}{8}$

18 $\frac{20}{21} \div \frac{13}{21} = 1\frac{7}{13}$

19 $\frac{19}{20} \div \frac{7}{20} = 2\frac{5}{7}$

20 $\frac{13}{24} \div \frac{5}{24} = 2\frac{3}{5}$

21 $\frac{17}{28} \div \frac{15}{28} = 1\frac{2}{15}$

22 $\frac{29}{35} \div \frac{17}{35} = 1\frac{12}{17}$

23 $\frac{31}{39} \div \frac{14}{39} = 2\frac{3}{14}$

24 $\frac{27}{31} \div \frac{4}{31} = 6\frac{3}{4}$

1 분모가 같은 (진분수)÷(진분수)(7)

학습 날짜 월 일

계산은 빠르고 정확하게!

걸린 시간	1~5분	5~8분	8~10분
맞은 개수	17~18개	13~16개	1~12개
평가	참 잘했어요.	잘했어요.	좀더 노력해요.

⏰ 빈 곳에 알맞은 수를 써넣으시오. (1~10)

1 $\frac{8}{11} \div \frac{4}{11} = 2$

2 $\frac{12}{13} \div \frac{3}{13} = 4$

3 $\frac{14}{17} \div \frac{7}{17} = 2$

4 $\frac{20}{23} \div \frac{5}{23} = 4$

5 $\frac{5}{11} \div \frac{8}{11} = \frac{5}{8}$

6 $\frac{5}{12} \div \frac{11}{12} = \frac{5}{11}$

7 $\frac{13}{25} \div \frac{8}{25} = 1\frac{5}{8}$

8 $\frac{10}{19} \div \frac{9}{19} = 1\frac{1}{9}$

9 $\frac{11}{25} \div \frac{3}{25} = 3\frac{2}{3}$

10 $\frac{27}{34} \div \frac{13}{34} = 2\frac{1}{13}$

⏰ □ 안에 알맞은 수를 써넣으시오. (11~18)

11 $\frac{9}{14} \div \frac{3}{14} = 3$

12 $\frac{10}{11} \div \frac{5}{11} = 2$

13 $\frac{4}{19} \div \frac{11}{19} = \frac{4}{11}$

14 $\frac{12}{23} \div \frac{13}{23} = \frac{12}{13}$

15 $\frac{13}{15} \div \frac{7}{15} = 1\frac{6}{7}$

16 $\frac{16}{21} \div \frac{5}{21} = 3\frac{1}{5}$

17 $\frac{26}{35} \div \frac{9}{35} = 2\frac{8}{9}$

18 $\frac{37}{40} \div \frac{7}{40} = 5\frac{2}{7}$

---

2 분모가 다른 (진분수)÷(진분수)(1)

학습 날짜 월 일

계산은 빠르고 정확하게!

걸린 시간	1~3분	3~5분	5~7분
맞은 개수	6개	5개	1~4개
평가	참 잘했어요.	잘했어요.	좀더 노력해요.

방법① 두 분수를 통분한 후 분자끼리 나누어 계산합니다.

$$\frac{2}{3} \div \frac{4}{5} = \frac{10}{15} \div \frac{12}{15} = \frac{10}{12} = \frac{5}{6}$$

방법② 나눗셈을 곱셈으로 바꾸고 나누는 진분수의 분모와 분자를 바꾸어 분수의 곱셈으로 고쳐서 계산합니다.

$$\frac{2}{3} \div \frac{4}{5} = \frac{2}{3} \times \frac{5}{4} = \frac{10}{12} = \frac{5}{6}$$

$$\frac{2}{3} \div \frac{4}{5} = \frac{2}{3} \times \frac{5}{4} = \frac{5}{6}$$

⏰ □ 안에 알맞은 수를 써넣으시오. (1~2)

1 $\frac{2}{3} \div \frac{1}{6} = \frac{4}{6} \div \frac{1}{6} = 4 \div 1 = 4$

2 $\frac{3}{4} \div \frac{1}{8} = \frac{6}{8} \div \frac{1}{8} = 6 \div 1 = 6$

⏰ 그림을 보고 □ 안에 알맞은 수를 써넣으시오. (3~6)

3 $\frac{2}{3} \div \frac{2}{9} = \frac{6}{9} \div \frac{2}{9} = 6 \div 2 = 3$

4 $\frac{3}{5} \div \frac{3}{10} = \frac{6}{10} \div \frac{3}{10} = 6 \div 3 = 2$

5 $\frac{5}{6} \div \frac{5}{12} = \frac{10}{12} \div \frac{5}{12} = 10 \div 5 = 2$

6 $\frac{6}{7} \div \frac{3}{14} = \frac{12}{14} \div \frac{3}{14} = 12 \div 3 = 4$

정답

2 분모가 다른 (진분수)÷(진분수)(2)

월 일

계산은 빠르고 정확하게!

걸린 시간	1~7분	7~10분	10~14분
맞은 개수	19~21개	15~18개	1~14개
평가	참 잘했어요.	잘했어요.	좀더 노력해요.

□ 안에 알맞은 수를 써넣으시오. (1~7)

1 $\frac{3}{4} \div \frac{7}{8} = \frac{6}{8} \div \frac{7}{8} = 6 \div 7 = \frac{6}{7}$

2 $\frac{2}{3} \div \frac{5}{6} = \frac{4}{6} \div \frac{5}{6} = 4 \div 5 = \frac{4}{5}$

3 $\frac{3}{5} \div \frac{2}{3} = \frac{9}{15} \div \frac{10}{15} = 9 \div 10 = \frac{9}{10}$

4 $\frac{3}{4} \div \frac{5}{12} = \frac{9}{12} \div \frac{5}{12} = 9 \div 5 = \frac{9}{5} = 1\frac{4}{5}$

5 $\frac{4}{5} \div \frac{3}{7} = \frac{28}{35} \div \frac{15}{35} = 28 \div 15 = \frac{28}{15} = 1\frac{13}{15}$

6 $\frac{5}{7} \div \frac{2}{3} = \frac{15}{21} \div \frac{14}{21} = 15 \div 14 = \frac{15}{14} = 1\frac{1}{14}$

7 $\frac{4}{5} \div \frac{3}{4} = \frac{16}{20} \div \frac{15}{20} = 16 \div 15 = \frac{16}{15} = 1\frac{1}{15}$

계산을 하시오. (8~21)

8 $\frac{1}{9} \div \frac{2}{5} = \frac{5}{18}$

9 $\frac{3}{5} \div \frac{1}{3} = 1\frac{4}{5}$

10 $\frac{2}{3} \div \frac{4}{5} = \frac{5}{6}$

11 $\frac{4}{7} \div \frac{3}{8} = 1\frac{11}{21}$

12 $\frac{4}{9} \div \frac{5}{6} = \frac{8}{15}$

13 $\frac{8}{9} \div \frac{4}{7} = 1\frac{5}{9}$

14 $\frac{5}{6} \div \frac{8}{9} = \frac{15}{16}$

15 $\frac{3}{4} \div \frac{2}{9} = 3\frac{3}{8}$

16 $\frac{2}{5} \div \frac{6}{7} = \frac{7}{15}$

17 $\frac{5}{8} \div \frac{3}{10} = 2\frac{1}{12}$

18 $\frac{5}{12} \div \frac{19}{24} = \frac{10}{19}$

19 $\frac{11}{18} \div \frac{7}{12} = 1\frac{1}{21}$

20 $\frac{3}{10} \div \frac{7}{18} = \frac{27}{35}$

21 $\frac{3}{11} \div \frac{8}{33} = 1\frac{1}{8}$

---

2 분모가 다른 (진분수)÷(진분수)(3)

월 일

계산은 빠르고 정확하게!

걸린 시간	1~10분	10~15분	15~20분
맞은 개수	24~26개	19~23개	1~18개
평가	참 잘했어요.	잘했어요.	좀더 노력해요.

□ 안에 알맞은 수를 써넣으시오. (1~12)

1 $\frac{1}{4} \div \frac{5}{6} = \frac{1}{4} \times \frac{6}{5} = \frac{6}{20} = \frac{3}{10}$

2 $\frac{3}{5} \div \frac{3}{4} = \frac{3}{5} \times \frac{4}{3} = \frac{12}{15} = \frac{4}{5}$

3 $\frac{2}{3} \div \frac{4}{5} = \frac{2}{3} \times \frac{5}{4} = \frac{10}{12} = \frac{5}{6}$

4 $\frac{3}{8} \div \frac{5}{6} = \frac{3}{8} \times \frac{6}{5} = \frac{18}{40} = \frac{9}{20}$

5 $\frac{4}{11} \div \frac{4}{7} = \frac{4}{11} \times \frac{7}{4} = \frac{28}{44} = \frac{7}{11}$

6 $\frac{2}{9} \div \frac{2}{5} = \frac{2}{9} \times \frac{5}{2} = \frac{10}{18} = \frac{5}{9}$

7 $\frac{5}{7} \div \frac{2}{3} = \frac{5}{7} \times \frac{3}{2} = \frac{15}{14}$
   $= 1\frac{1}{14}$

8 $\frac{5}{6} \div \frac{3}{7} = \frac{5}{6} \times \frac{7}{3} = \frac{35}{18}$
   $= 1\frac{17}{18}$

9 $\frac{9}{10} \div \frac{3}{8} = \frac{9}{10} \times \frac{8}{3} = \frac{72}{30}$
   $= \frac{12}{5} = 2\frac{2}{5}$

10 $\frac{7}{8} \div \frac{2}{5} = \frac{7}{8} \times \frac{5}{2} = \frac{35}{16}$
   $= 2\frac{3}{16}$

11 $\frac{6}{7} \div \frac{2}{5} = \frac{6}{7} \times \frac{5}{2} = \frac{30}{14}$
   $= \frac{15}{7} = 2\frac{1}{7}$

12 $\frac{7}{8} \div \frac{5}{12} = \frac{7}{8} \times \frac{12}{5} = \frac{84}{40}$
   $= \frac{21}{10} = 2\frac{1}{10}$

계산을 하시오. (13~26)

13 $\frac{4}{7} \div \frac{2}{3} = \frac{6}{7}$

14 $\frac{5}{6} \div \frac{1}{2} = 1\frac{2}{3}$

15 $\frac{7}{9} \div \frac{5}{6} = \frac{14}{15}$

16 $\frac{3}{8} \div \frac{1}{4} = 1\frac{1}{2}$

17 $\frac{5}{13} \div \frac{5}{6} = \frac{6}{13}$

18 $\frac{5}{6} \div \frac{5}{8} = 1\frac{1}{3}$

19 $\frac{5}{12} \div \frac{3}{4} = \frac{5}{9}$

20 $\frac{7}{18} \div \frac{3}{10} = 1\frac{8}{27}$

21 $\frac{3}{5} \div \frac{7}{10} = \frac{6}{7}$

22 $\frac{6}{7} \div \frac{3}{17} = 4\frac{6}{7}$

23 $\frac{2}{7} \div \frac{8}{11} = \frac{11}{28}$

24 $\frac{14}{15} \div \frac{7}{10} = 1\frac{1}{3}$

25 $\frac{3}{4} \div \frac{9}{10} = \frac{5}{6}$

26 $\frac{16}{21} \div \frac{5}{9} = 1\frac{13}{35}$

2 분모가 다른 (진분수)÷(진분수)(4)

학습 날짜
월 일

계산은 빠르고 정확하게!

걸린 시간	1~6분	6~8분	8~10분
맞은 개수	17~18개	13~16개	1~12개
평가	참 잘했어요.	잘했어요.	좀더 노력해요.

🕐 빈 곳에 알맞은 수를 써넣으시오. (1~10)

1

2
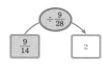

3
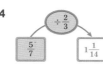

4

5
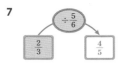

6
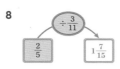

7
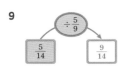

8
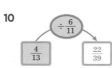

9

10

🕐 ☐ 안에 알맞은 수를 써넣으시오. (11~18)

11

12

13

14

15

16

17

18

3 (자연수)÷(진분수)(1)

학습 날짜
월 일

계산은 빠르고 정확하게!

걸린 시간	1~3분	3~5분	5~7분
맞은 개수	7개	5~6개	1~4개
평가	참 잘했어요.	잘했어요.	좀더 노력해요.

- 자연수가 분자의 배수인 경우 자연수를 분수의 분자로 나눈 몫에 분모를 곱하여 계산합니다.

$$6 \div \frac{3}{5} = (6 \div 3) \times 5 = 2 \times 5 = 10$$

- 자연수가 분자의 배수가 아닌 경우 나눗셈을 곱셈으로 바꾸고 나누는 분수의 분모와 분자를 바꾸어 분수의 곱셈으로 고쳐서 계산합니다.

$$6 \div \frac{4}{5} = 6 \times \frac{5}{4} = \frac{30}{4} = \frac{15}{2} = 7\frac{1}{2}$$

$$6 \div \frac{4}{5} = \overset{3}{6} \times \frac{5}{\underset{2}{4}} = \frac{15}{2} = 7\frac{1}{2}$$

🕐 그림을 보고 ☐ 안에 알맞은 수를 써넣으시오. (1~3)

1

2에서 $\frac{1}{3}$을 6번 덜어낼 수 있습니다. ➡ $2 \div \frac{1}{3} = \boxed{6}$

2

4에서 $\frac{1}{2}$을 8번 덜어낼 수 있습니다. ➡ $4 \div \frac{1}{2} = \boxed{8}$

3

3에서 $\frac{1}{4}$을 $\boxed{12}$번 덜어낼 수 있습니다. ➡ $3 \div \frac{1}{4} = \boxed{12}$

🕐 그림을 보고 ☐ 안에 알맞은 수를 써넣으시오. (4~7)

4
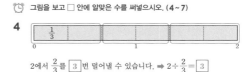

2에서 $\frac{2}{3}$를 $\boxed{3}$번 덜어낼 수 있습니다. ➡ $2 \div \frac{2}{3} = \boxed{3}$

5

3에서 $\frac{3}{5}$을 $\boxed{5}$번 덜어낼 수 있습니다. ➡ $3 \div \frac{3}{5} = \boxed{5}$

6
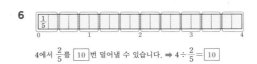

4에서 $\frac{2}{5}$를 $\boxed{10}$번 덜어낼 수 있습니다. ➡ $4 \div \frac{2}{5} = \boxed{10}$

7

6에서 $\frac{3}{4}$을 $\boxed{8}$번 덜어낼 수 있습니다. ➡ $6 \div \frac{3}{4} = \boxed{8}$

 정답

3 (자연수)÷(진분수) (2)

월 일

□ 안에 알맞은 수를 써넣으시오. (1~12)

1 $5 \div \frac{1}{4} = (5 \div \boxed{1}) \times \boxed{4}$
   $= \boxed{5} \times \boxed{4} = \boxed{20}$

2 $2 \div \frac{1}{3} = (2 \div \boxed{1}) \times \boxed{3}$
   $= \boxed{2} \times \boxed{3} = \boxed{6}$

3 $4 \div \frac{2}{3} = (4 \div \boxed{2}) \times \boxed{3}$
   $= \boxed{2} \times \boxed{3} = \boxed{6}$

4 $2 \div \frac{2}{5} = (2 \div \boxed{2}) \times \boxed{5}$
   $= \boxed{1} \times \boxed{5} = \boxed{5}$

5 $6 \div \frac{2}{5} = (6 \div \boxed{2}) \times \boxed{5}$
   $= \boxed{3} \times \boxed{5} = \boxed{15}$

6 $6 \div \frac{3}{4} = (6 \div \boxed{3}) \times \boxed{4}$
   $= \boxed{2} \times \boxed{4} = \boxed{8}$

7 $8 \div \frac{4}{7} = (8 \div \boxed{4}) \times \boxed{7}$
   $= \boxed{2} \times \boxed{7} = \boxed{14}$

8 $8 \div \frac{2}{3} = (8 \div \boxed{2}) \times \boxed{3}$
   $= \boxed{4} \times \boxed{3} = \boxed{12}$

9 $9 \div \frac{3}{4} = (9 \div \boxed{3}) \times \boxed{4}$
   $= \boxed{3} \times \boxed{4} = \boxed{12}$

10 $9 \div \frac{3}{8} = (9 \div \boxed{3}) \times \boxed{8}$
   $= \boxed{3} \times \boxed{8} = \boxed{24}$

11 $10 \div \frac{5}{6} = (10 \div \boxed{5}) \times \boxed{6}$
   $= \boxed{2} \times \boxed{6} = \boxed{12}$

12 $12 \div \frac{4}{9} = (12 \div \boxed{4}) \times \boxed{9}$
   $= \boxed{3} \times \boxed{9} = \boxed{27}$

계산은 빠르고 정확하게!

걸린 시간	1~6분	6~9분	9~12분
맞은 개수	24~26개	19~23개	1~18개
평가	참 잘했어요	잘했어요	좀더 노력해요

계산을 하시오. (13~26)

13 $6 \div \frac{1}{3} = 15$

14 $6 \div \frac{1}{2} = 12$

15 $4 \div \frac{2}{7} = 14$

16 $9 \div \frac{3}{5} = 15$

17 $8 \div \frac{2}{5} = 20$

18 $6 \div \frac{3}{8} = 16$

19 $14 \div \frac{7}{8} = 16$

20 $16 \div \frac{4}{5} = 20$

21 $8 \div \frac{4}{9} = 18$

22 $12 \div \frac{2}{3} = 18$

23 $18 \div \frac{6}{7} = 21$

24 $20 \div \frac{5}{6} = 24$

25 $24 \div \frac{4}{5} = 30$

26 $36 \div \frac{12}{13} = 39$

3 (자연수)÷(진분수) (3)

월 일

□ 안에 알맞은 수를 써넣으시오. (1~12)

1 $3 \div \frac{2}{5} = 3 \times \frac{\boxed{5}}{2} = \frac{\boxed{15}}{2} = \boxed{7\frac{1}{2}}$

2 $2 \div \frac{3}{4} = 2 \times \frac{\boxed{4}}{3} = \frac{\boxed{8}}{3} = \boxed{2\frac{2}{3}}$

3 $4 \div \frac{3}{4} = 4 \times \frac{\boxed{4}}{3} = \frac{\boxed{16}}{3} = \boxed{5\frac{1}{3}}$

4 $3 \div \frac{4}{5} = 3 \times \frac{\boxed{5}}{4} = \frac{\boxed{15}}{4} = \boxed{3\frac{3}{4}}$

5 $6 \div \frac{5}{8} = 6 \times \frac{\boxed{8}}{5} = \frac{\boxed{48}}{5} = \boxed{9\frac{3}{5}}$

6 $5 \div \frac{2}{3} = 5 \times \frac{\boxed{3}}{2} = \frac{\boxed{15}}{2} = \boxed{7\frac{1}{2}}$

7 $4 \div \frac{6}{7} = 4 \times \frac{\boxed{7}}{6} = \frac{\boxed{28}}{6} = \frac{\boxed{14}}{3}$
   $= \boxed{4\frac{2}{3}}$

8 $6 \div \frac{4}{7} = 6 \times \frac{\boxed{7}}{4} = \frac{\boxed{42}}{4} = \frac{\boxed{21}}{2}$
   $= \boxed{10\frac{1}{2}}$

9 $10 \div \frac{8}{9} = 10 \times \frac{\boxed{9}}{8} = \frac{\boxed{90}}{8} = \frac{\boxed{45}}{4}$
   $= \boxed{11\frac{1}{4}}$

10 $8 \div \frac{6}{7} = 8 \times \frac{\boxed{7}}{6} = \frac{\boxed{56}}{6} = \frac{\boxed{28}}{3}$
   $= \boxed{9\frac{1}{3}}$

11 $14 \div \frac{4}{5} = 14 \times \frac{\boxed{5}}{4} = \frac{\boxed{70}}{4} = \frac{\boxed{35}}{2}$
   $= \boxed{17\frac{1}{2}}$

12 $12 \div \frac{9}{10} = 12 \times \frac{\boxed{10}}{9} = \frac{\boxed{120}}{9}$
   $= \frac{\boxed{40}}{3} = \boxed{13\frac{1}{3}}$

계산은 빠르고 정확하게!

걸린 시간	1~8분	8~12분	12~16분
맞은 개수	24~26개	19~23개	1~18개
평가	참 잘했어요	잘했어요	좀더 노력해요

계산을 하시오. (13~26)

13 $2 \div \frac{3}{5} = 3\frac{1}{3}$

14 $3 \div \frac{5}{6} = 3\frac{3}{5}$

15 $5 \div \frac{2}{7} = 17\frac{1}{2}$

16 $8 \div \frac{6}{7} = 9\frac{1}{3}$

17 $5 \div \frac{3}{10} = 16\frac{2}{3}$

18 $9 \div \frac{4}{5} = 11\frac{1}{4}$

19 $4 \div \frac{3}{8} = 10\frac{2}{3}$

20 $10 \div \frac{4}{7} = 17\frac{1}{2}$

21 $7 \div \frac{9}{10} = 7\frac{7}{9}$

22 $14 \div \frac{8}{9} = 15\frac{3}{4}$

23 $11 \div \frac{2}{3} = 16\frac{1}{2}$

24 $16 \div \frac{12}{13} = 17\frac{1}{3}$

25 $15 \div \frac{10}{11} = 16\frac{1}{2}$

26 $18 \div \frac{15}{16} = 19\frac{1}{5}$

3 (자연수)÷(진분수) (4)

월 일

계산은 빠르고 정확하게!

걸린 시간	1~6분	6~9분	9~12분
맞은 개수	17~18개	13~16개	1~12개
평가	참 잘했어요.	잘했어요.	좀더 노력해요.

⏰ 빈 곳에 알맞은 수를 써넣으시오. (1~10)

1

2

3

4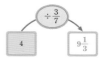

5

6

7

8

9

10

⏰ □ 안에 알맞은 수를 써넣으시오. (11~18)

11

12

13

14

15

16

17

18

4 (분수)÷(분수)를 계산하기 (1)

월 일

계산은 빠르고 정확하게!

걸린 시간	1~6분	6~9분	9~12분
맞은 개수	17~18개	15~16개	1~14개
평가	참 잘했어요.	잘했어요.	좀더 노력해요.

📝 (가분수)÷(분수)

두 분수를 통분하여 계산하거나 나누는 수의 분모와 분자를 바꾸어 분수의 곱셈으로 고쳐서 계산합니다.

$$\frac{5}{3}÷\frac{2}{5}=\frac{25}{15}÷\frac{6}{15}=\frac{25}{6}=4\frac{1}{6}$$

$$\frac{5}{3}÷\frac{2}{5}=\frac{5}{3}×\frac{5}{2}=\frac{25}{6}=4\frac{1}{6}$$

📝 (대분수)÷(분수)

대분수를 가분수로 고친 후 두 분수를 통분하여 계산하거나 분모와 분자를 바꾸어 분수의 곱셈으로 고쳐서 계산합니다.

$$2\frac{1}{4}÷\frac{2}{3}=\frac{9}{4}÷\frac{2}{3}=\frac{27}{12}÷\frac{8}{12}=\frac{27}{8}=3\frac{3}{8}$$

$$2\frac{1}{4}÷\frac{2}{3}=\frac{9}{4}÷\frac{2}{3}=\frac{9}{4}×\frac{3}{2}=\frac{27}{8}=3\frac{3}{8}$$

⏰ □ 안에 알맞은 수를 써넣으시오. (1~4)

1 $\frac{9}{5}÷\frac{2}{3}=\frac{\boxed{27}}{15}÷\frac{10}{15}=\frac{\boxed{27}}{10}=\boxed{2\frac{7}{10}}$

2 $\frac{9}{4}÷\frac{3}{5}=\frac{\boxed{45}}{20}÷\frac{12}{20}=\frac{\boxed{45}}{12}=\frac{\boxed{15}}{4}=\boxed{3\frac{3}{4}}$

3 $\frac{8}{7}÷\frac{5}{6}=\frac{8}{7}×\frac{\boxed{6}}{5}=\frac{\boxed{48}}{35}=\boxed{1\frac{13}{35}}$

4 $\frac{10}{9}÷\frac{4}{5}=\frac{10}{9}×\frac{\boxed{5}}{4}=\frac{\boxed{50}}{36}=\frac{25}{18}=\boxed{1\frac{7}{18}}$

⏰ 계산을 하시오. (5~18)

5 $\frac{4}{3}÷\frac{1}{2}=2\frac{2}{3}$

6 $\frac{8}{5}÷\frac{1}{4}=6\frac{2}{5}$

7 $\frac{7}{6}÷\frac{2}{3}=1\frac{3}{4}$

8 $\frac{9}{7}÷\frac{3}{8}=3\frac{3}{7}$

9 $\frac{9}{5}÷\frac{5}{6}=2\frac{4}{25}$

10 $\frac{5}{3}÷\frac{3}{4}=2\frac{2}{9}$

11 $\frac{10}{9}÷\frac{5}{6}=1\frac{1}{3}$

12 $\frac{11}{8}÷\frac{5}{6}=1\frac{13}{20}$

13 $\frac{8}{5}÷\frac{2}{15}=12$

14 $\frac{9}{4}÷\frac{7}{8}=2\frac{4}{7}$

15 $\frac{18}{7}÷\frac{9}{10}=2\frac{6}{7}$

16 $\frac{25}{8}÷\frac{3}{4}=4\frac{1}{6}$

17 $\frac{14}{9}÷\frac{5}{7}=2\frac{8}{45}$

18 $\frac{19}{6}÷\frac{4}{9}=7\frac{1}{8}$

4 (분수)÷(분수)를 계산하기 (2)

월 일

계산은 빠르고 정확하게!

걸린 시간	1~7분	7~10분	10~14분
맞은 개수	19~21개	15~18개	1~14개
평가	참 잘했어요.	잘했어요.	좀더 노력해요.

 □안에 알맞은 수를 써넣으시오. (1~7)

1 $1\frac{1}{4} \div \frac{3}{7} = \frac{5}{4} \div \frac{3}{7} = \frac{35}{28} \div \frac{12}{28} = \frac{35}{12} = 2\frac{11}{12}$

2 $2\frac{1}{2} \div \frac{2}{3} = \frac{5}{2} \div \frac{2}{3} = \frac{15}{6} \div \frac{4}{6} = \frac{15}{4} = 3\frac{3}{4}$

3 $1\frac{2}{9} \div \frac{6}{7} = \frac{11}{9} \div \frac{6}{7} = \frac{77}{63} \div \frac{54}{63} = \frac{77}{54} = 1\frac{23}{54}$

4 $1\frac{3}{4} \div \frac{3}{5} = \frac{7}{4} \div \frac{3}{5} = \frac{7}{4} \times \frac{5}{3} = \frac{35}{12} = 2\frac{11}{12}$

5 $1\frac{5}{9} \div \frac{5}{7} = \frac{14}{9} \div \frac{5}{7} = \frac{14}{9} \times \frac{7}{5} = \frac{98}{45} = 2\frac{8}{45}$

6 $2\frac{2}{5} \div \frac{3}{4} = \frac{12}{5} \div \frac{3}{4} = \frac{12}{5} \times \frac{4}{3} = \frac{48}{15} = \frac{16}{5} = 3\frac{1}{5}$

7 $5\frac{1}{2} \div \frac{7}{8} = \frac{11}{2} \div \frac{7}{8} = \frac{11}{2} \times \frac{8}{7} = \frac{88}{14} = \frac{44}{7} = 6\frac{2}{7}$

계산을 하시오. (8~21)

8 $1\frac{1}{2} \div \frac{1}{6} = 9$

9 $1\frac{2}{3} \div \frac{5}{6} = 2$

10 $1\frac{2}{5} \div \frac{2}{3} = 2\frac{1}{10}$

11 $1\frac{3}{4} \div \frac{5}{6} = 2\frac{1}{10}$

12 $1\frac{2}{3} \div \frac{3}{4} = 2\frac{2}{9}$

13 $1\frac{3}{8} \div \frac{3}{5} = 2\frac{7}{24}$

14 $2\frac{1}{2} \div \frac{3}{8} = 6\frac{2}{3}$

15 $2\frac{3}{5} \div \frac{4}{7} = 4\frac{11}{20}$

16 $3\frac{1}{6} \div \frac{2}{3} = 4\frac{3}{4}$

17 $1\frac{1}{7} \div \frac{7}{9} = 1\frac{23}{49}$

18 $3\frac{1}{4} \div \frac{5}{7} = 4\frac{11}{20}$

19 $4\frac{1}{2} \div \frac{4}{7} = 7\frac{7}{8}$

20 $3\frac{4}{9} \div \frac{5}{6} = 4\frac{2}{15}$

21 $2\frac{7}{8} \div \frac{7}{10} = 4\frac{3}{28}$

4 (분수)÷(분수)를 계산하기 (3)

월 일

계산은 빠르고 정확하게!

걸린 시간	1~10분	10~15분	15~20분
맞은 개수	26~28개	20~25개	1~19개
평가	참 잘했어요.	잘했어요.	좀더 노력해요.

 계산을 하시오. (1~14)

1 $\frac{2}{5} \div \frac{5}{4} = \frac{8}{25}$

2 $\frac{7}{3} \div \frac{6}{5} = 1\frac{17}{18}$

3 $\frac{6}{7} \div \frac{5}{3} = \frac{18}{35}$

4 $\frac{9}{4} \div \frac{3}{2} = 1\frac{1}{2}$

5 $\frac{3}{4} \div \frac{3}{2} = \frac{1}{2}$

6 $\frac{7}{6} \div \frac{7}{5} = \frac{5}{6}$

7 $\frac{3}{4} \div \frac{14}{5} = \frac{15}{56}$

8 $\frac{13}{9} \div \frac{11}{6} = \frac{26}{33}$

9 $\frac{5}{8} \div \frac{15}{4} = \frac{1}{6}$

10 $\frac{12}{11} \div \frac{6}{5} = \frac{10}{11}$

11 $\frac{2}{5} \div \frac{10}{7} = \frac{7}{25}$

12 $\frac{11}{4} \div \frac{7}{6} = 2\frac{5}{14}$

13 $\frac{5}{6} \div \frac{11}{8} = \frac{20}{33}$

14 $\frac{7}{5} \div \frac{11}{8} = 1\frac{1}{55}$

 계산을 하시오. (15~28)

15 $\frac{3}{4} \div 1\frac{1}{2} = \frac{1}{2}$

16 $1\frac{1}{4} \div 2\frac{1}{7} = \frac{7}{12}$

17 $\frac{1}{2} \div 1\frac{1}{4} = \frac{2}{5}$

18 $3\frac{1}{3} \div 1\frac{2}{7} = 2\frac{16}{27}$

19 $\frac{3}{8} \div 2\frac{1}{4} = \frac{1}{6}$

20 $8\frac{1}{4} \div 3\frac{2}{3} = 2\frac{1}{4}$

21 $\frac{11}{12} \div 1\frac{1}{6} = \frac{11}{14}$

22 $3\frac{3}{8} \div 2\frac{1}{4} = 1\frac{1}{2}$

23 $\frac{4}{9} \div 3\frac{1}{6} = \frac{8}{57}$

24 $6\frac{3}{4} \div 4\frac{1}{5} = 1\frac{17}{28}$

25 $\frac{9}{10} \div 1\frac{4}{5} = \frac{1}{2}$

26 $2\frac{3}{8} \div 1\frac{1}{6} = 2\frac{1}{28}$

27 $\frac{3}{4} \div 3\frac{5}{6} = \frac{9}{46}$

28 $1\frac{5}{8} \div 2\frac{1}{4} = \frac{13}{18}$

4 (분수)÷(분수)를 계산하기 (4)

학습 날짜 월 일

걸린 시간	1~6분	6~9분	9~12분
맞은 개수	17~18개	13~16개	1~12개
평가	참 잘했어요.	잘했어요.	좀더 노력해요.

빈 곳에 알맞은 수를 써넣으시오. (1~10)

1

2

3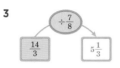

4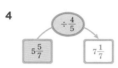

5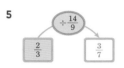

6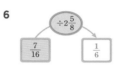

7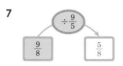

8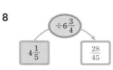

9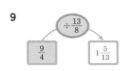

10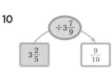

□ 안에 알맞은 수를 써넣으시오. (11~18)

11

12

13

14

15

16

17

18

---

5 (소수 한 자리 수)÷(소수 한 자리 수) (1)

학습 날짜 월 일

걸린 시간	1~4분	4~6분	6~8분
맞은 개수	10~11개	8~9개	1~7개
평가	참 잘했어요.	잘했어요.	좀더 노력해요.

방법① 자연수의 나눗셈을 이용하여 계산하기

$3.2 \div 0.4 = 8 \Rightarrow 32 \div 4 = 8$
(10배, 10배)

방법② 분수의 나눗셈으로 고쳐서 계산하기

$3.2 \div 0.4 = \dfrac{32}{10} \div \dfrac{4}{10} = 32 \div 4 = 8$

방법③ 세로셈으로 계산하기

$0.4)\overline{3.2} \Rightarrow 0.4)\overline{3.2} \Rightarrow 4)\overline{32}$ 몫 8

소수의 나눗셈을 단위 변환을 이용하여 계산하려고 합니다. □ 안에 알맞은 수를 써넣으시오. (1~3)

1 1.2 cm = [12] mm, 0.3 cm = [3] mm이므로 1.2 cm를 0.3 cm씩 자르는 것은 12 mm를 [3] mm씩 자르는 것과 같습니다.
➡ 1.2÷0.3=12÷[3]=[4]

2 1.6 cm = [16] mm, 0.2 cm = [2] mm이므로 1.6 cm를 0.2 cm씩 자르는 것은 [16] mm를 [2] mm씩 자르는 것과 같습니다.
➡ 1.6÷0.2=[16]÷[2]=[8]

3 2.8 cm = [28] mm, 0.4 cm = [4] mm이므로 2.8 cm를 0.4 cm씩 자르는 것은 [28] mm를 [4] mm씩 자르는 것과 같습니다.
➡ 2.8÷0.4=[28]÷[4]=[7]

소수의 나눗셈을 자연수의 나눗셈을 이용하여 계산하려고 합니다. □ 안에 알맞은 수를 써넣으시오. (4~11)

4
2.4 ÷ 0.3
(10배, 10배)
24 ÷ [3] = [8]
2.4÷0.3=[8]

5
2.5 ÷ 0.5
(10배, 10배)
25 ÷ [5] = [5]
2.5÷0.5=[5]

6
3.6 ÷ 1.2
(10배, 10배)
[36] ÷ [12] = [3]
3.6÷1.2=[3]

7
4.8 ÷ 1.6
(10배, 10배)
[48] ÷ [16] = [3]
4.8÷1.6=[3]

8
6.5 ÷ 1.3
(10배, 10배)
[65] ÷ [13] = [5]
6.5÷1.3=[5]

9
7.2 ÷ 1.8
(10배, 10배)
[72] ÷ [18] = [4]
7.2÷1.8=[4]

10
16.8 ÷ 2.8
(10배, 10배)
[168] ÷ [28] = [6]
16.8÷2.8=[6]

11
22.4 ÷ 3.2
(10배, 10배)
[224] ÷ [32] = [7]
22.4÷3.2=[7]

정답

5 (소수 한 자리 수)÷(소수 한 자리 수)(2)

월 일

□ 안에 알맞은 수를 써넣으시오. (1~7)

1 $1.8÷0.2=\dfrac{18}{10}÷\dfrac{2}{10}=18÷2=9$

2 $3.5÷0.5=\dfrac{35}{10}÷\dfrac{5}{10}=35÷5=7$

3 $4.8÷0.8=\dfrac{48}{10}÷\dfrac{8}{10}=48÷8=6$

4 $5.5÷1.1=\dfrac{55}{10}÷\dfrac{11}{10}=55÷11=5$

5 $13.6÷1.7=\dfrac{136}{10}÷\dfrac{17}{10}=136÷17=8$

6 $21.6÷2.4=\dfrac{216}{10}÷\dfrac{24}{10}=216÷24=9$

7 $44.8÷3.2=\dfrac{448}{10}÷\dfrac{32}{10}=448÷32=14$

계산은 빠르고 정확하게!

걸린 시간	1~7분	7~9분	9~12분
맞은 개수	21~23개	17~20개	1~16개
평가	참 잘했어요.	잘했어요.	좀더 노력해요.

계산을 하시오. (8~23)

8 $2.4÷0.4=6$ 9 $4.2÷0.7=6$

10 $7.2÷0.9=8$ 11 $5.4÷0.6=9$

12 $8.4÷1.2=7$ 13 $7.5÷1.5=5$

14 $16.8÷2.1=8$ 15 $19.6÷2.8=7$

16 $18.5÷3.7=5$ 17 $26.4÷3.3=8$

18 $23.8÷1.7=14$ 19 $22.4÷1.4=16$

20 $27.5÷2.5=11$ 21 $58.5÷3.9=15$

22 $55.2÷4.6=12$ 23 $77.7÷3.7=21$

5 (소수 한 자리 수)÷(소수 한 자리 수)(3)

월 일

□ 안에 알맞은 수를 써넣으시오. (1~8)

1
```
        8
0.9) 7 . 2
     7   2
         0
```

2
```
        8
0.7) 5 . 6
     5   6
         0
```

3
```
        1   2
1.8) 2 1 . 6
     1 8
       3   6
       3   6
           0
```

4
```
        2   1
1.5) 3 1 . 5
     3 0
       1   5
       1   5
           0
```

5
```
        1   6
2.7) 4 3 . 2
     2 7
     1 6   2
     1 6   2
           0
```

6
```
        1   8
3.8) 6 8 . 4
     3 8
     3 0   4
     3 0   4
           0
```

7
```
        4   2
1.9) 7 9 . 8
     7 6
       3   8
       3   8
           0
```

8
```
          3   7
4.6) 1 7 0 . 2
     1 3 8
       3 2   2
       3 2   2
             0
```

계산은 빠르고 정확하게!

걸린 시간	1~6분	6~9분	9~12분
맞은 개수	21~23개	17~20개	1~16개
평가	참 잘했어요.	잘했어요.	좀더 노력해요.

계산을 하시오. (9~23)

9
```
      9
0.2)1.8
```

10
```
      1 2
0.4)4.8
```

11
```
      1 7
0.5)8.5
```

12
```
       8
1.3)10.4
```

13
```
       7
1.8)12.6
```

14
```
       9
1.5)13.5
```

15
```
      3
2.5)7.5
```

16
```
      6
3.1)18.6
```

17
```
      8
2.9)23.2
```

18
```
      1 7
1.8)30.6
```

19
```
      2 3
2.6)59.8
```

20
```
      1 5
4.1)61.5
```

21
```
      1 9
3.5)66.5
```

22
```
      2 2
4.8)105.6
```

23
```
      3 4
5.6)190.4
```

5 (소수 한 자리 수)÷(소수 한 자리 수)(4)

월 일

빈 곳에 알맞은 수를 써넣으시오. (1~10)

1
3.6 ÷0.6 6

2
6.4 ÷0.8 8

3
19.2 ÷2.4 8

4
14.4 ÷1.6 9

5
28.6 ÷2.2 13

6
45.6 ÷3.8 12

7
35.1 ÷1.3 27

8
52.5 ÷3.5 15

9
41.8 ÷1.9 22

10
142.8 ÷5.1 28

계산은 빠르고 정확하게!

걸린 시간	1~6분	6~8분	8~10분
맞은 개수	17~18개	13~16개	1~12개
평가	참 잘했어요.	잘했어요.	좀더 노력해요.

□ 안에 알맞은 수를 써넣으시오. (11~18)

11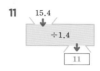
15.4 ÷1.4 11

12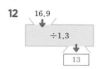
16.9 ÷1.3 13

13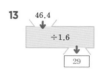
46.4 ÷1.6 29

14
90.2 ÷2.2 41

15
91.2 ÷2.4 38

16
84.6 ÷4.7 18

17
117.8 ÷1.9 62

18
137.7 ÷2.7 51

6 (소수 두 자리 수)÷(소수 두 자리 수)(1)

월 일

방법 ① 자연수의 나눗셈을 이용하여 계산하기
$$1.68 \div 0.42 = 168 \div 42 = 4$$
(100배)

방법 ② 분수의 나눗셈으로 고쳐서 계산하기
$$1.68 \div 0.42 = \frac{168}{100} \div \frac{42}{100} = 168 \div 42 = 4$$

방법 ③ 세로셈으로 계산하기
$0.42)\overline{1.68}$ ➡ $0.42)\overline{1.68}$ ➡ $42)\overline{168}$ 몫 4, 168, 0

소수의 나눗셈을 단위 변환을 이용하여 계산하려고 합니다. □ 안에 알맞은 수를 써넣으시오. (1~3)

1 0.96 m = 96 cm, 0.12 m = 12 cm이므로 0.96 m를 0.12 m씩 자르는 것은 96 cm를 12 cm씩 자르는 것과 같습니다.
➡ 0.96÷0.12=96÷12=8

2 2.45 m = 245 cm, 0.35 m = 35 cm이므로 2.45 m를 0.35 m씩 자르는 것은 245 cm를 35 cm씩 자르는 것과 같습니다.
➡ 2.45÷0.35=245÷35=7

3 3.36 m = 336 cm, 0.56 m = 56 cm이므로 3.36 m를 0.56 m씩 자르는 것은 336 cm를 56 cm씩 자르는 것과 같습니다.
➡ 3.36÷0.56=336÷56=6

계산은 빠르고 정확하게!

걸린 시간	1~4분	4~6분	6~8분
맞은 개수	10~11개	8~9개	1~7개
평가	참 잘했어요	잘했어요	좀더 노력해요

소수의 나눗셈을 자연수의 나눗셈을 이용하여 계산하려고 합니다. □ 안에 알맞은 수를 써넣으시오. (4~11)

4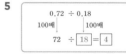
0.69 ÷ 0.23
100배 ↓ ↓ 100배
69 ÷ 23 = 3
0.69÷0.23= 3

5
0.72 ÷ 0.18
100배 ↓ ↓ 100배
72 ÷ 18 = 4
0.72÷0.18= 4

6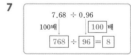
1.75 ÷ 0.25
100배 ↓ ↓ 100 배
175 ÷ 25 = 7
1.75÷0.25= 7

7
7.68 ÷ 0.96
100배 ↓ ↓ 100 배
768 ÷ 96 = 8
7.68÷0.96= 8

8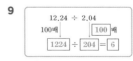
7.15 ÷ 1.43
100배 ↓ ↓ 100 배
715 ÷ 143 = 5
7.15÷1.43= 5

9
12.24 ÷ 2.04
100배 ↓ ↓ 100 배
1224 ÷ 204 = 6
12.24÷2.04= 6

10
28.08 ÷ 3.12
100배 ↓ ↓ 100 배
2808 ÷ 312 = 9
28.08÷3.12= 9

11
17.64 ÷ 1.26
100배 ↓ ↓ 100 배
1764 ÷ 126 = 14
17.64÷1.26= 14

6 (소수 두 자리 수)÷(소수 두 자리 수)(2)

월 일

계산은 빠르고 정확하게!

걸린 시간	1~8분	8~12분	12~16분
맞은 개수	21~23개	17~20개	1~16개
평가	참 잘했어요.	잘했어요.	좀더 노력해요.

□ 안에 알맞은 수를 써넣으시오. (1~7)

1 $0.96 \div 0.24 = \dfrac{96}{100} \div \dfrac{24}{100} = 96 \div 24 = 4$

2 $2.32 \div 0.58 = \dfrac{232}{100} \div \dfrac{58}{100} = 232 \div 58 = 4$

3 $6.72 \div 0.96 = \dfrac{672}{100} \div \dfrac{96}{100} = 672 \div 96 = 7$

4 $12.64 \div 1.58 = \dfrac{1264}{100} \div \dfrac{158}{100} = 1264 \div 158 = 8$

5 $11.82 \div 1.97 = \dfrac{1182}{100} \div \dfrac{197}{100} = 1182 \div 197 = 6$

6 $27.94 \div 2.54 = \dfrac{2794}{100} \div \dfrac{254}{100} = 2794 \div 254 = 11$

7 $40.82 \div 3.14 = \dfrac{4082}{100} \div \dfrac{314}{100} = 4082 \div 314 = 13$

계산을 하시오. (8~23)

8 $0.68 \div 0.17 = 4$

9 $2.08 \div 0.26 = 8$

10 $2.88 \div 0.96 = 3$

11 $5.74 \div 0.82 = 7$

12 $7.04 \div 0.44 = 16$

13 $8.12 \div 0.58 = 14$

14 $5.64 \div 0.47 = 12$

15 $12.48 \div 0.52 = 24$

16 $8.16 \div 1.02 = 8$

17 $6.48 \div 2.16 = 3$

18 $20.95 \div 4.19 = 5$

19 $43.75 \div 6.25 = 7$

20 $29.04 \div 1.32 = 22$

21 $34.24 \div 2.14 = 16$

22 $30.25 \div 2.75 = 11$

23 $83.72 \div 3.64 = 23$

6 (소수 두 자리 수)÷(소수 두 자리 수)(3)

월 일

계산은 빠르고 정확하게!

걸린 시간	1~8분	8~12분	12~16분
맞은 개수	21~23개	17~20개	1~16개
평가	참 잘했어요.	잘했어요.	좀더 노력해요.

□ 안에 알맞은 수를 써넣으시오. (1~8)

1
```
          6
0.16) 0 . 9 6
      9 6
        0
```

2
```
          8
0.21) 1 . 6 8
      1 6 8
        0
```

3
```
        1 7
0.42) 7 . 1 4
      4 2
      2 9 4
      2 9 4
        0
```

4
```
        2 1
0.38) 7 . 9 8
      7 6
        3 8
        3 8
        0
```

5
```
          9
1.23) 1 1 . 0 7
      1 1 0 7
          0
```

6
```
          7
5.97) 4 1 . 7 9
      4 1 7 9
          0
```

7
```
        1 4
1.87) 2 6 . 1 8
      1 8 7
        7 4 8
        7 4 8
          0
```

8
```
        1 2
4.12) 4 9 . 4 4
      4 1 2
        8 2 4
        8 2 4
          0
```

계산을 하시오. (9~23)

9
```
        8
0.11)0.88
```

10
```
        5
0.63)3.15
```

11
```
        6
0.91)5.46
```

12
```
       21
0.12)2.52
```

13
```
       18
0.54)9.72
```

14
```
        32
0.48)15.36
```

15
```
        7
1.93)13.51
```

16
```
        5
3.65)18.25
```

17
```
        4
6.12)24.48
```

18
```
        13
2.01)26.13
```

19
```
        28
1.32)36.96
```

20
```
        12
3.54)42.48
```

21
```
        15
5.11)76.65
```

22
```
        18
4.63)83.34
```

23
```
         36
7.12)256.32
```

6 (소수 두 자리 수)÷(소수 두 자리 수)(4)

학습 날짜
월 일

빈 곳에 알맞은 수를 써넣으시오. (1~10)

걸린 시간	1~6분	6~9분	9~12분
맞은 개수	17~18개	13~16개	1~12개
평가	참 잘했어요.	잘했어요.	좀더 노력해요.

1

1.44 → ÷0.36 → 4

2
2.96 → ÷0.37 → 8

3
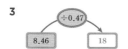
8.46 → ÷0.47 → 18

4

7.92 → ÷0.12 → 66

5

13.57 → ÷0.59 → 23

6

13.02 → ÷1.86 → 7

7

28.35 → ÷1.35 → 21

8
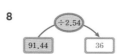
91.44 → ÷2.54 → 36

9

47.25 → ÷3.15 → 15

10

58.56 → ÷4.88 → 12

□ 안에 알맞은 수를 써넣으시오. (11~18)

11

0.45 → ÷0.15 → 3

12

4.64 → ÷0.58 → 8

13

3.36 → ÷0.24 → 14

14

10.07 → ÷0.53 → 19

15

8.64 → ÷1.08 → 8

16

42.57 → ÷1.29 → 33

17
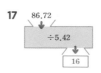
86.72 → ÷5.42 → 16

18

39.52 → ÷2.47 → 16

---

7 자릿수가 다른 (소수)÷(소수)(1)

학습 날짜
월 일

걸린 시간	1~6분	6~9분	9~12분
맞은 개수	7개	5~6개	1~4개
평가	참 잘했어요.	잘했어요.	좀더 노력해요.

방법① 나누어지는 소수를 자연수로 고쳐서 계산합니다.

$$1.2\overline{)1.56} \Rightarrow 1.20\overline{)1.56} \Rightarrow 120\overline{)1560}$$

```
        1.3
120)1560
    120
     360
     360
       0
```

방법② 나누는 소수를 자연수로 고쳐서 계산합니다.

$$1.2\overline{)1.56} \Rightarrow 1.2\overline{)1.56} \Rightarrow 12\overline{)15.6}$$

```
       1.3
12)15.6
   12
    3 6
    3 6
      0
```

자릿수가 다른 (소수)÷(소수)의 계산은 나누는 수와 나누어지는 수의 소수점을 오른쪽으로 똑같이 옮겨서 계산합니다.

□ 안에 알맞은 수를 써넣으시오. (1~3)

1
```
       100배
0.35÷0.5 ⇒ 35÷50 = 0.7
       100배
```
```
       10배
0.35÷0.5 ⇒ 3.5÷5 = 0.7
       10배
```

2
```
       100배
0.96÷0.8 ⇒ 96÷80 = 1.2
       100배
```
```
       10배
0.96÷0.8 ⇒ 9.6÷8 = 1.2
       10배
```

3
```
       100배
2.08÷1.6 ⇒ 208÷160 = 1.3
       100배
```
```
       10배
2.08÷1.6 ⇒ 20.8÷16 = 1.3
       10배
```

□ 안에 알맞은 수를 써넣으시오. (4~7)

4

0.42 ÷ 0.7	0.42 ÷ 0.7
100배 ↓ ↓ 100배	10배 ↓ ↓ 10배
42 ÷ 70 = 0.6	4.2 ÷ 7 = 0.6

$$0.42÷0.7 = 0.6$$

5

1.35 ÷ 0.9	1.35 ÷ 0.9
100배 ↓ ↓ 100배	10배 ↓ ↓ 10배
135 ÷ 90 = 1.5	13.5 ÷ 9 = 1.5

$$1.35÷0.9 = 1.5$$

6
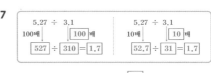
2.52 ÷ 2.8	2.52 ÷ 2.8
100배 ↓ ↓ 100배	10배 ↓ ↓ 10배
252 ÷ 280 = 0.9	25.2 ÷ 28 = 0.9

$$2.52÷2.8 = 0.9$$

7
5.27 ÷ 3.1	5.27 ÷ 3.1
100배 ↓ ↓ 100배	10배 ↓ ↓ 10배
527 ÷ 310 = 1.7	52.7 ÷ 31 = 1.7

$$5.27÷3.1 = 1.7$$

정답

7 자릿수가 다른 (소수)÷(소수)(2)

월 일

계산은 빠르고 정확하게!

걸린 시간	1~8분	8~12분	12~16분
맞은 개수	19~21개	15~18개	1~14개
평가	참 잘했어요.	잘했어요.	좀더 노력해요.

□ 안에 알맞은 수를 써넣으시오. (1~5)

1
$0.63 \div 0.9 = \dfrac{63}{100} \div \dfrac{90}{100} = 63 \div 90 = 0.7$
$0.63 \div 0.9 = \dfrac{6.3}{10} \div \dfrac{9}{10} = 6.3 \div 9 = 0.7$

2
$1.26 \div 0.6 = \dfrac{126}{100} \div \dfrac{60}{100} = 126 \div 60 = 2.1$
$1.26 \div 0.6 = \dfrac{12.6}{10} \div \dfrac{6}{10} = 12.6 \div 6 = 2.1$

3
$1.54 \div 1.4 = \dfrac{154}{100} \div \dfrac{140}{100} = 154 \div 140 = 1.1$
$1.54 \div 1.4 = \dfrac{15.4}{10} \div \dfrac{14}{10} = 15.4 \div 14 = 1.1$

4
$3.92 \div 2.8 = \dfrac{392}{100} \div \dfrac{280}{100} = 392 \div 280 = 1.4$
$3.92 \div 2.8 = \dfrac{39.2}{10} \div \dfrac{28}{10} = 39.2 \div 28 = 1.4$

5
$18.88 \div 5.9 = \dfrac{1888}{100} \div \dfrac{590}{100} = 1888 \div 590 = 3.2$
$18.88 \div 5.9 = \dfrac{188.8}{10} \div \dfrac{59}{10} = 188.8 \div 59 = 3.2$

계산을 하시오. (6~21)

6 $0.16 \div 0.2 = 0.8$ **7** $0.32 \div 0.4 = 0.8$

8 $1.12 \div 0.7 = 1.6$ **9** $2.08 \div 0.8 = 2.6$

10 $2.15 \div 0.5 = 4.3$ **11** $3.12 \div 0.6 = 5.2$

12 $0.72 \div 1.8 = 0.4$ **13** $1.15 \div 2.3 = 0.5$

14 $10.08 \div 3.6 = 2.8$ **15** $7.79 \div 1.9 = 4.1$

16 $17.85 \div 5.1 = 3.5$ **17** $26.68 \div 4.6 = 5.8$

18 $20.52 \div 7.6 = 2.7$ **19** $37.26 \div 8.1 = 4.6$

20 $63.18 \div 11.7 = 5.4$ **21** $115.62 \div 9.4 = 12.3$

---

7 자릿수가 다른 (소수)÷(소수)(3)

월 일

계산은 빠르고 정확하게!

걸린 시간	1~6분	6~9분	9~12분
맞은 개수	18~19개	14~17개	1~13개
평가	참 잘했어요.	잘했어요.	좀더 노력해요.

□ 안에 알맞은 수를 써넣으시오. (1~4)

1
$0.5)\overline{0.65}$ → 몫 1.3

2
$0.9)\overline{3.42}$ → 몫 3.8

3
$2.7)\overline{11.34}$ → 몫 4.2

4
$6.5)\overline{34.45}$ → 몫 5.3

계산을 하시오. (5~19)

5 $0.4)\overline{0.48}$ 몫 1.2
6 $0.6)\overline{1.38}$ 몫 2.3
7 $0.7)\overline{2.24}$ 몫 3.2

8 $0.5)\overline{2.35}$ 몫 4.7
9 $0.3)\overline{2.25}$ 몫 7.5
10 $0.8)\overline{4.72}$ 몫 5.9

11 $1.1)\overline{2.42}$ 몫 2.2
12 $1.9)\overline{7.79}$ 몫 4.1
13 $2.8)\overline{10.08}$ 몫 3.6

14 $5.3)\overline{14.84}$ 몫 2.8
15 $3.1)\overline{11.16}$ 몫 3.6
16 $8.7)\overline{51.33}$ 몫 5.9

17 $7.6)\overline{66.88}$ 몫 8.8
18 $9.2)\overline{103.96}$ 몫 11.3
19 $12.1)\overline{42.35}$ 몫 3.5

7 자릿수가 다른 (소수)÷(소수)(4)

 학습 날짜 월 일

계산은 빠르고 정확하게!

걸린 시간	1~6분	8~12분	12~16분
맞은 개수	17~18개	13~16개	1~12개
평가	참 잘했어요.	잘했어요.	좀더 노력해요.

 빈 곳에 알맞은 수를 써넣으시오. (1~10)

1

2
÷1.2 4.56 → 3.8

3

4

5

6

7

8

9

10

 □ 안에 알맞은 수를 써넣으시오. (11~18)

11

12

13

14

15
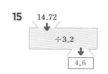

16

17
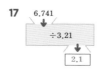

18

8 (자연수)÷(소수)(1)

학습 날짜 월 일

계산은 빠르고 정확하게!

걸린 시간	1~6분	6~9분	9~12분
맞은 개수	11~12개	9~10개	1~8개
평가	참 잘했어요.	잘했어요.	좀더 노력해요.

방법 ① 분수의 나눗셈으로 고쳐서 계산하기

$7 \div 1.4 = \dfrac{70}{10} \div \dfrac{14}{10} = 70 \div 14 = 5$

$9 \div 2.25 = \dfrac{900}{100} \div \dfrac{225}{100} = 900 \div 225 = 4$

방법 ② 세로셈으로 계산하기

$$1.4\overline{)7} \Rightarrow 1.4\overline{)7.0} \quad \begin{array}{r} 5 \\ \hline 7\,0 \\ \hline 0 \end{array} \quad 2.25\overline{)9} \Rightarrow 2.25\overline{)9.00} \quad \begin{array}{r} 4 \\ \hline 9\,00 \\ \hline 0 \end{array}$$

 □ 안에 알맞은 수를 써넣으시오. (1~4)

1
$6 \div 1.2 \Rightarrow 60 \div 12 = \boxed{5}$ (10배)
$6 \div 1.2 = \boxed{5}$

2
$15 \div 2.5 \Rightarrow 150 \div 25 = \boxed{6}$ (10배)
$15 \div 2.5 = \boxed{6}$

3
$5 \div 1.25 \Rightarrow 500 \div 125 = \boxed{4}$ (100배)
$5 \div 1.25 = \boxed{4}$

4
$22 \div 2.75 \Rightarrow 2200 \div 275 = \boxed{8}$ (100배)
$22 \div 2.75 = \boxed{8}$

 □ 안에 알맞은 수를 써넣으시오. (5~12)

5
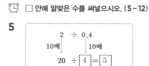
$2 \div 0.4 = \boxed{5}$

6

$6 \div 0.75 = \boxed{8}$

7
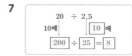
$20 \div 2.5 = \boxed{8}$

8
$\begin{array}{c} 19 \div 4.75 \\ (100배) \quad (100배) \\ 1900 \div 475 = 4 \end{array}$
$19 \div 4.75 = \boxed{4}$

9
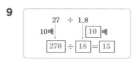
$27 \div 1.8 = \boxed{15}$

10
$\begin{array}{c} 43 \div 1.72 \\ (100배) \quad (100배) \\ 4300 \div 172 = 25 \end{array}$
$43 \div 1.72 = \boxed{25}$

11
$\begin{array}{c} 42 \div 3.5 \\ (10배) \quad (10배) \\ 420 \div 35 = 12 \end{array}$
$42 \div 3.5 = \boxed{12}$

12
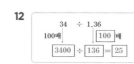
$34 \div 1.36 = \boxed{25}$

8 (자연수)÷(소수)(2)

 월 일

계산은 빠르고 정확하게!

걸린 시간	1~10분	10~15분	15~20분
맞은 개수	26~28개	20~25개	1~19개
평가	참 잘했어요	잘했어요	좀더 노력해요

□ 안에 알맞은 수를 써넣으시오. (1~12)

1 $12 \div 0.8 = \dfrac{120}{10} \div \dfrac{8}{10}$
$= 120 \div 8 = 15$

2 $6 \div 0.5 = \dfrac{60}{10} \div \dfrac{5}{10}$
$= 60 \div 5 = 12$

3 $21 \div 3.5 = \dfrac{210}{10} \div \dfrac{35}{10}$
$= 210 \div 35 = 6$

4 $16 \div 3.2 = \dfrac{160}{10} \div \dfrac{32}{10}$
$= 160 \div 32 = 5$

5 $55 \div 2.5 = \dfrac{550}{10} \div \dfrac{25}{10}$
$= 550 \div 25 = 22$

6 $14 \div 3.5 = \dfrac{140}{10} \div \dfrac{35}{10}$
$= 140 \div 35 = 4$

7 $72 \div 1.8 = \dfrac{720}{10} \div \dfrac{18}{10}$
$= 720 \div 18 = 40$

8 $70 \div 2.8 = \dfrac{700}{10} \div \dfrac{28}{10}$
$= 700 \div 28 = 25$

9 $13 \div 0.52 = \dfrac{1300}{100} \div \dfrac{52}{100}$
$= 1300 \div 52 = 25$

10 $54 \div 2.25 = \dfrac{5400}{100} \div \dfrac{225}{100}$
$= 5400 \div 225 = 24$

11 $42 \div 1.75 = \dfrac{4200}{100} \div \dfrac{175}{100}$
$= 4200 \div 175 = 24$

12 $68 \div 2.72 = \dfrac{6800}{100} \div \dfrac{272}{100}$
$= 6800 \div 272 = 25$

계산을 하시오. (13~28)

13 $4 \div 0.5 = 8$

14 $3 \div 0.25 = 12$

15 $3 \div 0.6 = 5$

16 $12 \div 0.75 = 16$

17 $20 \div 0.8 = 25$

18 $23 \div 0.92 = 25$

19 $7 \div 1.4 = 5$

20 $30 \div 1.25 = 24$

21 $34 \div 1.7 = 20$

22 $86 \div 1.72 = 50$

23 $63 \div 4.5 = 14$

24 $63 \div 2.52 = 25$

25 $130 \div 5.2 = 25$

26 $93 \div 3.72 = 25$

27 $306 \div 8.5 = 36$

28 $142 \div 2.84 = 50$

8 (자연수)÷(소수)(3)

 월 일

계산은 빠르고 정확하게!

걸린 시간	1~8분	8~12분	12~16분
맞은 개수	21~23개	17~20개	1~16개
평가	참 잘했어요	잘했어요	좀더 노력해요

□ 안에 알맞은 수를 써넣으시오. (1~8)

1 $0.5)\overline{4.0}$ = 8, 40, 0

2 $0.25)\overline{2.00}$ = 8, 200, 0

3 $1.6)\overline{24.0}$ = 15, 16, 80, 80, 0

4 $0.72)\overline{18.00}$ = 25, 144, 360, 360, 0

5 $4.5)\overline{108.0}$ = 24, 90, 180, 180, 0

6 $3.75)\overline{105.00}$ = 28, 750, 3000, 3000, 0

7 $3.8)\overline{133.0}$ = 35, 114, 190, 190, 0

8 $6.25)\overline{100.00}$ = 16, 625, 3750, 3750, 0

계산을 하시오. (9~23)

9 $0.6)\overline{21}$ = 35

10 $0.8)\overline{60}$ = 75

11 $0.5)\overline{23}$ = 46

12 $1.8)\overline{45}$ = 25

13 $6.6)\overline{99}$ = 15

14 $7.5)\overline{90}$ = 12

15 $3.8)\overline{19}$ = 5

16 $1.6)\overline{56}$ = 35

17 $1.9)\overline{76}$ = 40

18 $0.36)\overline{27}$ = 75

19 $4.25)\overline{34}$ = 8

20 $1.25)\overline{35}$ = 28

21 $5.72)\overline{143}$ = 25

22 $9.75)\overline{312}$ = 32

23 $3.45)\overline{207}$ = 60

8 (자연수)÷(소수)(4)

월 일

빈 곳에 알맞은 수를 써넣으시오. (1~10)

1
3 → ÷0.6 → 5

2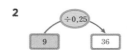
9 → ÷0.25 → 36

3
19 → ÷0.5 → 38

4
6 → ÷0.15 → 40

5
69 → ÷4.6 → 15

6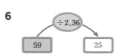
59 → ÷2.36 → 25

7
85 → ÷3.4 → 25

8
92 → ÷1.84 → 50

9
108 → ÷5.4 → 20

10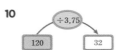
120 → ÷3.75 → 32

계산은 빠르고 정확하게!

걸린 시간	1~6분	6~9분	9~12분
맞은 개수	17~18개	13~16개	1~12개
평가	참 잘했어요.	잘했어요.	좀더 노력해요.

□ 안에 알맞은 수를 써넣으시오. (11~18)

11
32 → ÷6.4 → 5

12
18 → ÷0.36 → 50

13
65 → ÷2.5 → 26

14
25 → ÷6.25 → 4

15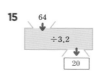
64 → ÷3.2 → 20

16
78 → ÷3.12 → 25

17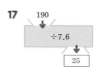
190 → ÷7.6 → 25

18
198 → ÷2.75 → 72

9 몫을 반올림하여 나타내기(1)

월 일

몫을 반올림하여 나타내기

$$\begin{array}{r} 2.3\,6\,6 \\ 3)\overline{7.1\,0\,0} \\ \underline{6} \\ 1\,1 \\ \underline{9} \\ 2\,0 \\ \underline{1\,8} \\ 2\,0 \\ \underline{1\,8} \\ 2 \end{array}$$

• 몫을 반올림하여 자연수로 나타내면
7.1÷3=2.3··· ➡ 2입니다.
• 몫을 반올림하여 소수 첫째 자리까지 나타내면
7.1÷3=2.36··· ➡ 2.4입니다.
• 몫을 반올림하여 소수 둘째 자리까지 나타내면
7.1÷3=2.366··· ➡ 2.37입니다.

몫을 반올림하여 자연수로 나타내시오. (1~8)

1 9.8÷3.3
(3)

2 7.8÷1.4
(6)

3 6.5÷1.9
(3)

4 5.6÷1.2
(5)

5 13.75÷4.2
(3)

6 15.49÷3.6
(4)

7 19.87÷2.9
(7)

8 68.91÷5.8
(12)

계산은 빠르고 정확하게!

걸린 시간	1~6분	6~9분	9~12분
맞은 개수	17~18개	13~16개	1~12개
평가	참 잘했어요.	잘했어요.	좀더 노력해요.

몫을 반올림하여 자연수로 나타내시오. (9~18)

9 3)4.9 ➡ (2)
10 7)25.8 ➡ (4)

11 1.5)16.8 ➡ (11)
12 2.7)24.9 ➡ (9)

13 5.8)21.8 ➡ (4)
14 3.6)49.7 ➡ (14)

15 4.1)32.15 ➡ (8)
16 5.7)69.84 ➡ (12)

17 3.9)70.27 ➡ (18)
18 6.1)98.62 ➡ (16)

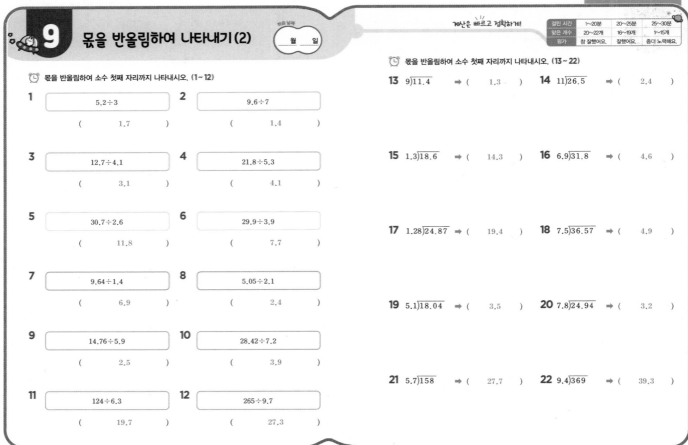

9 몫을 반올림하여 나타내기(2)

월 일

계산은 빠르고 정확하게!

걸린 시간	1~20분	20~25분	25~30분
맞은 개수	20~22개	16~19개	1~15개
평가	참 잘했어요	잘했어요	좀더 노력해요

몫을 반올림하여 소수 첫째 자리까지 나타내시오. (1~12)

1 5.2÷3 (1.7)
2 9.6÷7 (1.4)

3 12.7÷4.1 (3.1)
4 21.8÷5.3 (4.1)

5 30.7÷2.6 (11.8)
6 29.9÷3.9 (7.7)

7 9.64÷1.4 (6.9)
8 5.05÷2.1 (2.4)

9 14.76÷5.9 (2.5)
10 28.42÷7.2 (3.9)

11 124÷6.3 (19.7)
12 265÷9.7 (27.3)

몫을 반올림하여 소수 첫째 자리까지 나타내시오. (13~22)

13 9)11.4 ➡ (1.3)
14 11)26.5 ➡ (2.4)

15 1.3)18.6 ➡ (14.3)
16 6.9)31.8 ➡ (4.6)

17 1.28)24.87 ➡ (19.4)
18 7.5)36.57 ➡ (4.9)

19 5.1)18.04 ➡ (3.5)
20 7.8)24.94 ➡ (3.2)

21 5.7)158 ➡ (27.7)
22 9.4)369 ➡ (39.3)

9 몫을 반올림하여 나타내기(3)

월 일

계산은 빠르고 정확하게!

걸린 시간	1~20분	20~25분	25~30분
맞은 개수	20~22개	16~19개	1~15개
평가	참 잘했어요	잘했어요	좀더 노력해요

몫을 반올림하여 소수 둘째 자리까지 나타내시오. (1~12)

1 9.4÷6 (1.57)
2 10.8÷17 (0.64)

3 8.4÷1.1 (7.64)
4 6.9÷1.8 (3.83)

5 14.7÷5.8 (2.53)
6 26.7÷3.1 (8.61)

7 35.82÷6.24 (5.74)
8 42.59÷7.62 (5.59)

9 20.54÷5.6 (3.67)
10 29.87÷4.8 (6.22)

11 88÷7.9 (11.14)
12 96÷6.9 (13.91)

몫을 반올림하여 소수 둘째 자리까지 나타내시오. (13~22)

13 9)11.8 ➡ (1.31)
14 15)15.7 ➡ (1.05)

15 9.4)26.8 ➡ (2.85)
16 7.8)36.1 ➡ (4.63)

17 1.23)5.97 ➡ (4.85)
18 1.78)6.25 ➡ (3.51)

19 3.3)9.87 ➡ (2.99)
20 9.2)18.76 ➡ (2.04)

21 8.4)57 ➡ (6.79)
22 6.4)73 ➡ (11.41)

10 나누어 주고 남은 양 알아보기(1)

월
일

나눗셈의 몫을 자연수 부분까지 구하고 나누어지는 수의 소수점의 위치에 맞게 남는 수의 소수점을 찍습니다.

$$\begin{array}{r} 3 \\ 4\overline{)12.3} \\ 12 \\ \hline 0.3 \end{array}$$ 몫: 3
남는 수: 0.3

1 주스 18.5 L를 3 L짜리 그릇에 가득 담아 여러 사람에게 나누어 주려고 합니다. 나누어 줄 수 있는 사람 수와 남은 주스의 양은 얼마인지 알아보시오.

$$\begin{array}{r} 6 \\ 3\overline{)18.5} \\ 18 \\ \hline 0.5 \end{array}$$ 나누어 줄 수 있는 사람 수: 6 명
남은 주스의 양: 0.5 L

2 설탕 65.7 kg을 한 사람에게 4 kg씩 나누어 주려고 합니다. 나누어 줄 수 있는 사람 수와 남은 설탕의 양을 알아보시오.

$$\begin{array}{r} 16 \\ 4\overline{)65.7} \\ 4 \\ \hline 2\,5 \\ 2\,4 \\ \hline 1.7 \end{array}$$ 나누어 줄 수 있는 사람 수: 16 명
남은 설탕의 양: 1.7 kg

계산은 빠르고 정확하게!

걸린 시간	1~5분	5~8분	8~10분
맞은 개수	9~10개	7~8개	1~6개
평가	참 잘했어요.	잘했어요.	좀더 노력해요.

나눗셈의 몫을 자연수 부분까지 구하고 남는 수를 구하려고 합니다. □ 안에 알맞은 수를 써넣으시오. (3~10)

3
$$\begin{array}{r} 2 \\ 2\overline{)4.3} \\ 4 \\ \hline 0.3 \end{array}$$ 몫: 2
남는 수: 0.3

4
$$\begin{array}{r} 4 \\ 5\overline{)21.8} \\ 20 \\ \hline 1.8 \end{array}$$ 몫: 4
남는 수: 1.8

5
$$\begin{array}{r} 9 \\ 4\overline{)36.9} \\ 36 \\ \hline 0.9 \end{array}$$ 몫: 9
남는 수: 0.9

6
$$\begin{array}{r} 7 \\ 6\overline{)42.7} \\ 42 \\ \hline 0.7 \end{array}$$ 몫: 7
남는 수: 0.7

7
$$\begin{array}{r} 8 \\ 8\overline{)65.1} \\ 64 \\ \hline 1.1 \end{array}$$ 몫: 8
남는 수: 1.1

8
$$\begin{array}{r} 7 \\ 9\overline{)65.3} \\ 63 \\ \hline 2.3 \end{array}$$ 몫: 7
남는 수: 2.3

9
$$\begin{array}{r} 12 \\ 7\overline{)85.5} \\ 7 \\ \hline 1\,5 \\ 1\,4 \\ \hline 1.5 \end{array}$$ 몫: 12
남는 수: 1.5

10
$$\begin{array}{r} 13 \\ 8\overline{)104.6} \\ 8 \\ \hline 2\,4 \\ 2\,4 \\ \hline 0.6 \end{array}$$ 몫: 13
남는 수: 0.6

10 나누어 주고 남은 양 알아보기(2)

월 일

나눗셈의 몫을 자연수 부분까지 구하고 남는 수를 구하시오. (1~10)

1 $4\overline{)8.2}$ 몫: 2 남는 수: 0.2

2 $6\overline{)18.9}$ 몫: 3 남는 수: 0.9

3 $7\overline{)50.1}$ 몫: 7 남는 수: 1.1

4 $8\overline{)45.5}$ 몫: 5 남는 수: 5.5

5 $9\overline{)81.2}$ 몫: 9 남는 수: 0.2

6 $5\overline{)46.3}$ 몫: 9 남는 수: 1.3

7 $3\overline{)94.7}$ 몫: 31 남는 수: 1.7

8 $6\overline{)90.8}$ 몫: 15 남는 수: 0.8

9 $12\overline{)49.6}$ 몫: 4 남는 수: 1.6

10 $15\overline{)121.3}$ 몫: 8 남는 수: 1.3

계산은 빠르고 정확하게!

걸린 시간	1~5분	5~8분	8~10분
맞은 개수	18~20개	14~17개	1~13개
평가	참 잘했어요.	잘했어요.	좀더 노력해요.

나눗셈의 몫을 자연수 부분까지 구하고 남는 수를 구하시오. (11~20)

11 6.9÷2 몫: 3 남는 수: 0.9

12 9.6÷3 몫: 3 남는 수: 0.6

13 55.6÷6 몫: 9 남는 수: 1.6

14 41.2÷5 몫: 8 남는 수: 1.2

15 57.1÷8 몫: 7 남는 수: 1.1

16 65.3÷9 몫: 7 남는 수: 2.3

17 85.7÷4 몫: 21 남는 수: 1.7

18 78.2÷7 몫: 11 남는 수: 1.2

19 105.9÷13 몫: 8 남는 수: 1.9

20 218.5÷18 몫: 12 남는 수: 2.5

11 신기한 연산

학습날짜 월 일

계산은 빠르고 정확하게!

걸린 시간	1~10분	10~15분	15~20분
맞은 개수	15~16개	11~14개	1~10개
평가	참 잘했어요	잘했어요	좀더 노력해요

주어진 두 식이 성립할 때 ■와 ▲에 알맞은 자연수를 각각 구하시오. (1~2)

1

$$\frac{■}{5} \div \frac{3}{5} = \frac{2}{3} \qquad \frac{▲}{9} \div \frac{9}{9} = 3\frac{1}{2}$$

■=$\boxed{2}$, ▲=$\boxed{7}$

2

$$\frac{3}{8} \div \frac{■}{8} = \frac{3}{7} \qquad \frac{■}{10} \div \frac{▲}{10} = 2\frac{1}{3}$$

■=$\boxed{7}$, ▲=$\boxed{3}$

다음 나눗셈의 몫은 자연수입니다. 보기 를 참고하여 ■ 안에 들어갈 수 있는 수는 모두 몇 개인지 구하시오. (3~6)

보기

$\frac{1}{3} \div \frac{■}{24} = \frac{8}{24} \div \frac{■}{24} = 8 \div ■$가 자연수이므로 ■ 안에는 8의 약수가 들어가야 합니다. 따라서 ■ 안에 들어갈 수 있는 자연수는 1, 2, 4, 8이므로 모두 4개입니다.

3
$$\frac{1}{5} \div \frac{■}{15}$$
(2개)

4
$$\frac{1}{4} \div \frac{■}{24}$$
(4개)

5
$$\frac{3}{5} \div \frac{■}{20}$$
(6개)

6
$$\frac{2}{3} \div \frac{■}{21}$$
(4개)

미국에서 사용하는 단위가 우리나라에서 사용하는 단위로 얼마를 나타내는지 나타낸 표입니다. □ 안에 알맞은 수를 써넣으시오. (7~14)

미국 단위	1 ft(피트)	1 in(인치)	1 mile(마일)	1 lb(파운드)
우리나라 단위	30.48 cm	2.54 cm	1.61 km	0.45 kg

7 152.4 cm=$\boxed{5}$ ft

8 365.76 cm=$\boxed{12}$ ft

9 10.16 cm=$\boxed{4}$ in

10 38.1 cm=$\boxed{15}$ in

11 14.49 km=$\boxed{9}$ mile

12 45.08 km=$\boxed{28}$ mile

13 14.4 kg=$\boxed{32}$ lb

14 25.65 kg=$\boxed{57}$ lb

㉠에 들어갈 수는 ㉡에 들어갈 수의 몇 배인지 구하시오. (15~16)

15
$$34÷㉠=4 \qquad 34÷㉡=40$$
(10배)

16
$$660÷㉠=24 \qquad 66÷㉡=240$$
(100배)

확인 평가

걸린 시간	1~15분	15~20분	20~25분
맞은 개수	36~40개	28~35개	1~27개
평가	참 잘했어요	잘했어요	좀더 노력해요

계산을 하시오. (1~16)

1 $\frac{8}{9} \div \frac{2}{9} = 4$

2 $\frac{10}{11} \div \frac{5}{11} = 2$

3 $\frac{11}{15} \div \frac{8}{15} = 1\frac{3}{8}$

4 $\frac{7}{25} \div \frac{16}{25} = \frac{7}{16}$

5 $\frac{2}{13} \div \frac{2}{5} = \frac{5}{13}$

6 $\frac{5}{9} \div \frac{5}{6} = \frac{2}{3}$

7 $\frac{4}{7} \div \frac{2}{21} = 6$

8 $\frac{9}{19} \div \frac{2}{5} = 1\frac{7}{38}$

9 $20 \div \frac{4}{5} = 25$

10 $3 \div \frac{9}{11} = 3\frac{2}{3}$

11 $\frac{8}{5} \div \frac{2}{3} = 2\frac{2}{5}$

12 $\frac{7}{10} \div \frac{7}{4} = \frac{2}{5}$

13 $1\frac{2}{5} \div \frac{2}{3} = 2\frac{1}{10}$

14 $\frac{8}{9} \div 1\frac{1}{3} = \frac{2}{3}$

15 $2\frac{2}{7} \div 1\frac{4}{5} = 1\frac{17}{63}$

16 $3\frac{3}{4} \div 2\frac{1}{2} = 1\frac{1}{2}$

계산을 하시오. (17~33)

17 $20.4 \div 1.2 = 17$

18 $54.4 \div 3.4 = 16$

19 $23.13 \div 2.57 = 9$

20 $16.25 \div 1.25 = 13$

21 $5.76 \div 4.8 = 1.2$

22 $22.32 \div 6.2 = 3.6$

23 $21 \div 1.5 = 14$

24 $143 \div 5.5 = 26$

25
$$0.8\overline{)11.2} = 14$$

26
$$3.1\overline{)71.3} = 23$$

27
$$6.8\overline{)81.6} = 12$$

28
$$2.17\overline{)17.36} = 8$$

29
$$1.58\overline{)48.98} = 31$$

30
$$1.3\overline{)7.54} = 5.8$$

31
$$4.9\overline{)27.93} = 5.7$$

32
$$4.8\overline{)72} = 15$$

33
$$1.68\overline{)126} = 75$$

확인 평가

🕐 몫을 반올림하여 나타내시오. (34 ~ 36)

34
27.6÷4.9 ➡
- 자연수로 나타내기: 6
- 소수 첫째 자리까지 나타내기: 5.6
- 소수 둘째 자리까지 나타내기: 5.63

35
56.4÷5.8 ➡
- 자연수로 나타내기: 10
- 소수 첫째 자리까지 나타내기: 9.7
- 소수 둘째 자리까지 나타내기: 9.72

36
4.29÷1.7 ➡
- 자연수로 나타내기: 3
- 소수 첫째 자리까지 나타내기: 2.5
- 소수 둘째 자리까지 나타내기: 2.52

🕐 나눗셈의 몫을 자연수 부분까지 구하고 남는 수를 구하시오. (37 ~ 40)

37 8)73.5
몫: 9
남는 수: 1.5

38 7)93.4
몫: 13
남는 수: 2.4

39 46.7÷3
몫: 15
남는 수: 1.7

40 50.4÷12
몫: 4
남는 수: 2.4

크라운 온라인 평가 응시 방법

에듀왕닷컴 접속 www.eduwang.com
⊗
메인 상단 메뉴에서 단원평가 클릭
⊗
단계 및 단원 선택
⊗
온라인 단원평가 실시(30분 동안 평가 실시)
⊗
크라운 확인

🐰 각 단원평가를 통해 100점을 받으시면 크라운 1개를 드리며, 획득하신 크라운으로 에듀왕 닷컴에서 판매하고 있는 교재 및 서비스를 무료로 구매하실 수 있습니다.

(크라운 1개 – 1000원)

❷ 비와 비율, 비례식과 비례배분   P 94~97

1 비와 비율(1)

학습 날짜
월 일

- 동화책 3권과 만화책 5권이 있습니다. 이 두 수 3과 5를 비교할 때 3 : 5라 쓰고, 3 대 5라고 읽습니다.

$3 : 5$ →
- 3 대 5
- 5에 대한 3의 비
- 3의 5에 대한 비
- 3과 5의 비

- 비 3 : 5에서 기호 :의 왼쪽에 있는 3은 비교하는 양이고, 오른쪽에 있는 5는 기준량입니다. 기준량에 대한 비교하는 양의 크기를 비율이라고 합니다.

(비율)=(비교하는 양)÷(기준량)
$$= \frac{(비교하는 양)}{(기준량)}$$

⏰ 그림을 보고 □ 안에 알맞은 수를 써넣으시오. (1~4)

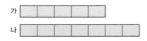

가
나

1 가에 대한 나의 비를 구하시오. ➡ $\boxed{7} : \boxed{5}$

2 나에 대한 가의 비를 구하시오. ➡ $\boxed{5} : \boxed{7}$

3 가와 나의 비를 구하시오. ➡ $\boxed{5} : \boxed{7}$

4 나와 가의 비를 구하시오. ➡ $\boxed{7} : \boxed{5}$

계산은 빠르고 정확하게!

걸린 시간	1~5분	5~8분	8~10분
맞은 개수	11~12개	9~10개	1~8개
평가	참 잘했어요	잘했어요	좀더 노력해요

⏰ □ 안에 알맞은 수를 써넣으시오. (5~12)

5 $3 : 4$ →
- 3 대 4
- 4에 대한 3의 비
- 3의 4에 대한 비
- 3과 4의 비

6 $5 : 8$ →
- 5 대 8
- 8에 대한 5의 비
- 5의 8에 대한 비
- 5와 8의 비

7 $7 : 9$ →
- 7 대 9
- 9에 대한 7의 비
- 7의 9에 대한 비
- 7과 9의 비

8 $2 : 7$ →
- 2 대 7
- 7에 대한 2의 비
- 2의 7에 대한 비
- 2와 7의 비

9 $6 : 3$ →
- 6 대 3
- 3에 대한 6의 비
- 6의 3에 대한 비
- 6과 3의 비

10 $9 : 4$ →
- 9 대 4
- 4에 대한 9의 비
- 9의 4에 대한 비
- 9와 4의 비

11 $7 : 10$ →
- 7 대 10
- 10에 대한 7의 비
- 7의 10에 대한 비
- 7과 10의 비

12 $14 : 15$ →
- 14 대 15
- 15에 대한 14의 비
- 14의 15에 대한 비
- 14와 15의 비

1 비와 비율(2)

학습 날짜
월 일

⏰ 비율을 분수로 나타내시오. (1~16)

1 $3 : 4$ ➡ ($\frac{3}{4}$)
2 $5 : 7$ ➡ ($\frac{5}{7}$)

3 $9 : 10$ ➡ ($\frac{9}{10}$)
4 $3 : 11$ ➡ ($\frac{3}{11}$)

5 6 대 7 ➡ ($\frac{6}{7}$)
6 10 대 7 ➡ ($1\frac{3}{7}$)

7 11 대 13 ➡ ($\frac{11}{13}$)
8 14 대 19 ➡ ($\frac{14}{19}$)

9 5에 대한 3의 비 ➡ ($\frac{3}{5}$)
10 9에 대한 4의 비 ➡ ($\frac{4}{9}$)

11 8에 대한 5의 비 ➡ ($\frac{5}{8}$)
12 18에 대한 13의 비 ➡ ($\frac{13}{18}$)

13 40에 대한 17의 비 ➡ ($\frac{17}{40}$)
14 19에 대한 20의 비 ➡ ($1\frac{1}{19}$)

15 35에 대한 19의 비 ➡ ($\frac{19}{35}$)
16 27에 대한 35의 비 ➡ ($1\frac{8}{27}$)

계산은 빠르고 정확하게!

걸린 시간	1~6분	6~19분	9~12분
맞은 개수	29~32개	23~28개	1~22개
평가	참 잘했어요	잘했어요	좀더 노력해요

⏰ 비율을 분수로 나타내시오. (17~32)

17 4의 5에 대한 비 ➡ ($\frac{4}{5}$)
18 7의 8에 대한 비 ➡ ($\frac{7}{8}$)

19 9의 14에 대한 비 ➡ ($\frac{9}{14}$)
20 8의 15에 대한 비 ➡ ($\frac{8}{15}$)

21 10의 19에 대한 비 ➡ ($\frac{10}{19}$)
22 13의 21에 대한 비 ➡ ($\frac{13}{21}$)

23 29의 30에 대한 비 ➡ ($\frac{29}{30}$)
24 23의 33에 대한 비 ➡ ($\frac{23}{33}$)

25 6과 7의 비 ➡ ($\frac{6}{7}$)
26 9와 4의 비 ➡ ($2\frac{1}{4}$)

27 5와 11의 비 ➡ ($\frac{5}{11}$)
28 7과 16의 비 ➡ ($\frac{7}{16}$)

29 14와 23의 비 ➡ ($\frac{14}{23}$)
30 19와 31의 비 ➡ ($\frac{19}{31}$)

31 41과 39의 비 ➡ ($1\frac{2}{39}$)
32 17과 37의 비 ➡ ($\frac{17}{37}$)

1 비와 비율(3)

월 일

계산은 빠르고 정확하게!

걸린 시간	1~8분	8~12분	12~16분
맞은 개수	29~32개	23~28개	1~22개
평가	참 잘했어요.	잘했어요.	좀더 노력해요.

⏰ 비율을 소수로 나타내시오. (1~16)

1 1 : 4 ➡ (0.25) **2** 3 : 10 ➡ (0.3)

3 5 : 8 ➡ (0.625) **4** 5 : 2 ➡ (2.5)

5 3 대 4 ➡ (0.75) **6** 6 대 12 ➡ (0.5)

7 9 대 6 ➡ (1.5) **8** 7 대 28 ➡ (0.25)

9 5에 대한 2의 비 ➡ (0.4) **10** 8에 대한 3의 비 ➡ (0.375)

11 10에 대한 7의 비 ➡ (0.7) **12** 25에 대한 9의 비 ➡ (0.36)

13 20에 대한 13의 비 ➡ (0.65) **14** 32에 대한 4의 비 ➡ (0.125)

15 16에 대한 24의 비 ➡ (1.5) **16** 40에 대한 19의 비 ➡ (0.475)

⏰ 비율을 소수로 나타내시오. (17~32)

17 4의 5에 대한 비 ➡ (0.8) **18** 9의 10에 대한 비 ➡ (0.9)

19 7의 8에 대한 비 ➡ (0.875) **20** 11의 5에 대한 비 ➡ (2.2)

21 11의 4에 대한 비 ➡ (2.75) **22** 10의 8에 대한 비 ➡ (1.25)

23 13의 25에 대한 비 ➡ (0.52) **24** 17의 20에 대한 비 ➡ (0.85)

25 6과 10의 비 ➡ (0.6) **26** 9와 2의 비 ➡ (4.5)

27 7과 20의 비 ➡ (0.35) **28** 12와 16의 비 ➡ (0.75)

29 14와 40의 비 ➡ (0.35) **30** 24와 20의 비 ➡ (1.2)

31 27과 36의 비 ➡ (0.75) **32** 37과 40의 비 ➡ (0.925)

2 백분율(1)

월 일

- 기준량을 100으로 할 때의 비율을 백분율이라 하고 기호 %를 사용하여 나타냅니다.
  비율 $\frac{71}{100}$ 또는 0.71을 백분율로 71 %라 쓰고 71퍼센트라고 읽습니다.
- 비율을 백분율로, 백분율을 비율로 나타내기
  $\frac{4}{25}$ ➡ $\frac{4}{25} \times 100 = 16(\%)$ 0.53 ➡ $0.53 \times 100 = 53(\%)$
  25% ➡ $\frac{25}{100} = \frac{1}{4} = 0.25$

계산은 빠르고 정확하게!

걸린 시간	1~5분	5~8분	8~10분
맞은 개수	20~22개	16~19개	1~15개
평가	참 잘했어요.	잘했어요.	좀더 노력해요.

⏰ 비율을 백분율로 나타내려고 합니다. □ 안에 알맞은 수를 써넣으시오. (1~6)

1 $\frac{1}{2}$ ➡ $\frac{1}{2} \times \boxed{100} = \boxed{50}$
➡ $\boxed{50}$ %

2 $\frac{4}{5}$ ➡ $\frac{4}{5} \times \boxed{100} = \boxed{80}$
➡ $\boxed{80}$ %

3 $\frac{3}{4}$ ➡ $\frac{3}{4} \times \boxed{100} = \boxed{75}$
➡ $\boxed{75}$ %

4 $\frac{11}{25}$ ➡ $\frac{11}{25} \times \boxed{100} = \boxed{44}$
➡ $\boxed{44}$ %

5 $\frac{17}{20}$ ➡ $\frac{17}{20} \times \boxed{100} = \boxed{85}$
➡ $\boxed{85}$ %

6 $\frac{19}{50}$ ➡ $\frac{19}{50} \times \boxed{100} = \boxed{38}$
➡ $\boxed{38}$ %

⏰ 비율을 백분율로 나타내시오. (7~22)

7 $\frac{1}{4}$ ➡ (25 %) **8** $\frac{2}{5}$ ➡ (40 %)

9 $\frac{7}{10}$ ➡ (70 %) **10** $\frac{3}{8}$ ➡ (37.5 %)

11 $\frac{11}{20}$ ➡ (55 %) **12** $\frac{4}{25}$ ➡ (16 %)

13 $\frac{17}{50}$ ➡ (34 %) **14** $\frac{37}{100}$ ➡ (37 %)

15 $\frac{19}{25}$ ➡ (76 %) **16** $\frac{19}{20}$ ➡ (95 %)

17 $\frac{23}{25}$ ➡ (92 %) **18** $\frac{21}{50}$ ➡ (42 %)

19 $\frac{23}{40}$ ➡ (57.5 %) **20** $\frac{81}{100}$ ➡ (81 %)

21 $\frac{18}{60}$ ➡ (30 %) **22** $\frac{9}{75}$ ➡ (12 %)

2 백분율 (2)

월   일

계산은 빠르고 정확하게!

걸린 시간	1~5분	5~8분	8~10분
맞은 개수	24~26개	19~23개	1~18개
평가	참 잘했어요.	잘했어요.	좀더 노력해요.

⏰ 비율을 백분율로 나타내려고 합니다. □ 안에 알맞은 수를 써넣으시오. (1~10)

1 0.8 ➡ 0.8 × □100 = □80
➡ □80 %

2 0.06 ➡ 0.06 × □100 = □6
➡ □6 %

3 0.17 ➡ 0.17 × □100 = □17
➡ □17 %

4 0.43 ➡ 0.43 × □100 = □43
➡ □43 %

5 0.58 ➡ 0.58 × □100 = □58
➡ □58 %

6 0.64 ➡ 0.64 × □100 = □64
➡ □64 %

7 0.83 ➡ 0.83 × □100 = □83
➡ □83 %

8 0.92 ➡ 0.92 × □100 = □92
➡ □92 %

9 0.69 ➡ 0.69 × □100 = □69
➡ □69 %

10 0.76 ➡ 0.76 × □100 = □76
➡ □76 %

⏰ 비율을 백분율로 나타내시오. (11~26)

11 0.9 ➡ (90 %)

12 0.5 ➡ (50 %)

13 0.02 ➡ (2 %)

14 0.04 ➡ (4 %)

15 0.25 ➡ (25 %)

16 0.19 ➡ (19 %)

17 0.32 ➡ (32 %)

18 0.48 ➡ (48 %)

19 0.65 ➡ (65 %)

20 0.86 ➡ (86 %)

21 0.99 ➡ (99 %)

22 0.57 ➡ (57 %)

23 0.61 ➡ (61 %)

24 0.82 ➡ (82 %)

25 0.76 ➡ (76 %)

26 0.99 ➡ (99 %)

2 백분율 (3)

월   일

계산은 빠르고 정확하게!

걸린 시간	1~8분	8~12분	12~16분
맞은 개수	26~28개	20~25개	1~19개
평가	참 잘했어요.	잘했어요.	좀더 노력해요.

⏰ 백분율을 기약분수와 소수로 각각 나타내려고 합니다. □ 안에 알맞은 수를 써넣으시오. (1~12)

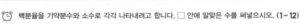

1 7 % ➡ 7 ÷ □100 = $\frac{7}{100}$ = □0.07

2 13 % ➡ 13 ÷ □100 = $\frac{13}{100}$ = □0.13

3 29 % ➡ 29 ÷ □100 = $\frac{29}{100}$
= □0.29

4 37 % ➡ 37 ÷ □100 = $\frac{37}{100}$
= □0.37

5 43 % ➡ 43 ÷ □100 = $\frac{43}{100}$
= □0.43

6 69 % ➡ 69 ÷ □100 = $\frac{69}{100}$
= □0.69

7 18 % ➡ 18 ÷ □100 = $\frac{18}{100}$ = $\frac{9}{50}$
= □0.18

8 6 % ➡ 6 ÷ □100 = $\frac{6}{100}$ = $\frac{3}{50}$
= □0.06

9 30 % ➡ 30 ÷ □100 = $\frac{30}{100}$ = $\frac{3}{10}$
= □0.3

10 50 % ➡ 50 ÷ □100 = $\frac{50}{100}$ = $\frac{1}{2}$
= □0.5

11 25 % ➡ 25 ÷ □100 = $\frac{25}{100}$ = $\frac{1}{4}$
= □0.25

12 35 % ➡ 35 ÷ □100 = $\frac{35}{100}$ = $\frac{7}{20}$
= □0.35

⏰ 백분율을 기약분수로 나타내시오. (13~28)

13 6 % ➡ ($\frac{3}{50}$)

14 8 % ➡ ($\frac{2}{25}$)

15 12 % ➡ ($\frac{3}{25}$)

16 17 % ➡ ($\frac{17}{100}$)

17 24 % ➡ ($\frac{6}{25}$)

18 36 % ➡ ($\frac{9}{25}$)

19 28 % ➡ ($\frac{7}{25}$)

20 50 % ➡ ($\frac{1}{2}$)

21 74 % ➡ ($\frac{37}{50}$)

22 85 % ➡ ($\frac{17}{20}$)

23 66 % ➡ ($\frac{33}{50}$)

24 55 % ➡ ($\frac{11}{20}$)

25 88 % ➡ ($\frac{22}{25}$)

26 77 % ➡ ($\frac{77}{100}$)

27 62.5 % ➡ ($\frac{5}{8}$)

28 17.5 % ➡ ($\frac{7}{40}$)

2 백분율(4)

학습 날짜
월 일

백분율을 소수로 나타내시오. (1~16)

1 3 % ➡ (0.03)

2 7 % ➡ (0.07)

3 14 % ➡ (0.14)

4 18 % ➡ (0.18)

5 20 % ➡ (0.2)

6 26 % ➡ (0.26)

7 48 % ➡ (0.48)

8 52 % ➡ (0.52)

9 61 % ➡ (0.61)

10 80 % ➡ (0.8)

11 76 % ➡ (0.76)

12 92 % ➡ (0.92)

13 60 % ➡ (0.6)

14 95 % ➡ (0.95)

15 13.5 % ➡ (0.135)

16 36.2 % ➡ (0.362)

백분율을 기약분수와 소수로 각각 나타내시오. (17~24)

17 25 %
분수 ($\frac{1}{4}$)
소수 (0.25)

18 40 %
분수 ($\frac{2}{5}$)
소수 (0.4)

19 38 %
분수 ($\frac{19}{50}$)
소수 (0.38)

20 72 %
분수 ($\frac{18}{25}$)
소수 (0.72)

21 58 %
분수 ($\frac{29}{50}$)
소수 (0.58)

22 86 %
분수 ($\frac{43}{50}$)
소수 (0.86)

23 98 %
분수 ($\frac{49}{50}$)
소수 (0.98)

24 65 %
분수 ($\frac{13}{20}$)
소수 (0.65)

---

3 비의 성질(1)

학습 날짜
월 일

▶ 비의 성질 알아보기

• 비 2 : 3에서 기호 : 앞에 있는 2를 전항, 뒤에 있는 3을 후항이라고 합니다.
• 비의 전항과 후항에 0이 아닌 같은 수를 곱하여도 비율은 같습니다.

$$2 : 3 ➡ \frac{2}{3} \quad (2×2):(3×2) ➡ 4:6 ➡ \frac{4}{6} = \frac{2}{3}$$

• 비의 전항과 후항을 0이 아닌 같은 수로 나누어도 비율은 같습니다.

$$24 : 32 ➡ \frac{24}{32} = \frac{3}{4} \quad (24÷8):(32÷8) ➡ 3:4 ➡ \frac{3}{4}$$

빈칸에 알맞은 수를 써넣으시오. (1~6)

1 5 : 8

전항	후항
5	8

2 6 : 11

전항	후항
6	11

3 9 : 4

전항	후항
9	4

4 10 : 7

전항	후항
10	7

5 13 : 15

전항	후항
13	15

6 21 : 17

전항	후항
21	17

□ 안에 알맞은 수를 써넣으시오. (7~10)

7

$3 : 4 \xrightarrow{×2} 6 : 8$

3 : 4의 비율 ➡ $\frac{3}{4}$

6 : 8의 비율 ➡ $\frac{6}{8} = \frac{3}{4}$

비의 전항과 후항에 0 이 아닌 같은 수를 곱하여도 비율은 같습니다.

8

$5 : 7 \xrightarrow{×3} 15 : 21$

5 : 7의 비율 ➡ $\frac{5}{7}$

15 : 21의 비율 ➡ $\frac{15}{21} = \frac{5}{7}$

비의 전항과 후항에 0 이 아닌 같은 수를 곱하여도 비율은 같습니다.

9

$6 : 10 \xrightarrow{÷2} 3 : 5$

6 : 10의 비율 ➡ $\frac{6}{10} = \frac{3}{5}$

3 : 5의 비율 ➡ $\frac{3}{5}$

비의 전항과 후항에 0 이 아닌 같은 수로 나누어도 비율은 같습니다.

10
$8 : 12 \xrightarrow{÷4} 2 : 3$

8 : 12의 비율 ➡ $\frac{8}{12} = \frac{2}{3}$

2 : 3의 비율 ➡ $\frac{2}{3}$

비의 전항과 후항에 0 이 아닌 같은 수로 나누어도 비율은 같습니다.

3 비의 성질(2)

월 일

계산은 빠르고 정확하게!

걸린 시간	1~5분	5~8분	8~10분
맞은 개수	16~17개	12~15개	1~11개
평가	참 잘했어요.	잘했어요.	좀더 노력해요.

□ 안에 알맞은 수를 써넣으시오. (1~10)

1
×3
2 : 5 ➡ 6 : 15
×3

2
×3
3 : 4 ➡ 9 : 12
×3

3
×2
5 : 6 ➡ 10 : 12
×2

4
×4
4 : 7 ➡ 16 : 28
×4

5
×5
2 : 3 ➡ 10 : 15
×5

6
×7
3 : 5 ➡ 21 : 35
×7

7
×2
5 : 3 ➡ 10 : 6
×2

8
×3
8 : 9 ➡ 24 : 27
×3

9
×2
4 : 11 ➡ 8 : 22
×2

10
×5
16 : 15 ➡ 80 : 75
×5

비의 전항과 후항에 0이 아닌 같은 수를 곱하여 비율이 같은 비를 3개 만들어 보시오. (11~17)

11 1 : 7 ➡ (예 2 : 14, 3 : 21, 4 : 28)

12 2 : 9 ➡ (예 4 : 18, 6 : 27, 8 : 36)

13 3 : 8 ➡ (예 6 : 16, 9 : 24, 12 : 32)

14 9 : 4 ➡ (예 18 : 8, 27 : 12, 36 : 16)

15 10 : 3 ➡ (예 20 : 6, 30 : 9, 40 : 12)

16 13 : 15 ➡ (예 26 : 30, 39 : 45, 52 : 60)

17 20 : 17 ➡ (예 40 : 34, 60 : 51, 80 : 68)

3 비의 성질(3)

월 일

계산은 빠르고 정확하게!

걸린 시간	1~5분	5~8분	8~10분
맞은 개수	16~17개	12~15개	1~11개
평가	참 잘했어요.	잘했어요.	좀더 노력해요.

□ 안에 알맞은 수를 써넣으시오. (1~10)

1
÷5
10 : 5 ➡ 2 : 1
÷5

2
÷3
9 : 12 ➡ 3 : 4
÷3

3
÷3
9 : 15 ➡ 3 : 5
÷3

4
÷5
25 : 40 ➡ 5 : 8
÷5

5
÷2
12 : 14 ➡ 6 : 7
÷2

6
÷8
56 : 24 ➡ 7 : 3
÷8

7
÷3
30 : 39 ➡ 10 : 13
÷3

8
÷13
13 : 26 ➡ 1 : 2
÷13

9
÷4
20 : 16 ➡ 5 : 4
÷4

10
÷6
30 : 12 ➡ 5 : 2
÷6

비의 전항과 후항을 0이 아닌 같은 수로 나누어 비율이 같은 비를 3개 만들어 보시오. (11~17)

11 12 : 18 ➡ (6 : 9, 4 : 6, 2 : 3)

12 8 : 24 ➡ (4 : 12, 2 : 6, 1 : 3)

13 20 : 30 ➡ (10 : 15, 4 : 6, 2 : 3)

14 40 : 24 ➡ (20 : 12, 10 : 6, 5 : 3)

15 18 : 42 ➡ (9 : 21, 6 : 14, 3 : 7)

16 56 : 42 ➡ (28 : 21, 8 : 6, 4 : 3)

17 72 : 64 ➡ (36 : 32, 18 : 16, 9 : 8)

4 간단한 자연수의 비로 나타내기(1)

학습 날짜 월 일

📐 자연수의 비를 간단한 자연수의 비로 나타내기
각 항을 두 수의 최대공약수로 나누어 간단한 자연수의 비로 나타냅니다.
$10 : 15 \Rightarrow (10 \div 5) : (15 \div 5) = 2 : 3$

📐 소수의 비를 간단한 자연수의 비로 나타내기
· 각 항에 10, 100, 1000, …을 곱하여 자연수의 비로 나타냅니다.
· 각 항을 두 수의 최대공약수로 나눕니다.
$0.3 : 0.6 \Rightarrow (0.3 \times 10) : (0.6 \times 10) \Rightarrow 3 : 6$
$\Rightarrow (3 \div 3) : (6 \div 3) \Rightarrow 1 : 2$

🕐 가장 간단한 자연수의 비로 나타내려고 합니다. □ 안에 알맞은 수를 써넣으시오. (1~4)

1 8 : 6을 가장 간단한 자연수의 비로 나타내기 위하여 각 항을 8과 6의 최대공약수인 ②로 나눕니다.
$$8 : 6 \Rightarrow (8 \div \boxed{2}) : (6 \div \boxed{2}) \Rightarrow \boxed{4} : \boxed{3}$$

2 12 : 20을 가장 간단한 자연수의 비로 나타내기 위하여 각 항을 12와 20의 최대공약수인 ④로 나눕니다.
$$12 : 20 \Rightarrow (12 \div \boxed{4}) : (20 \div \boxed{4}) \Rightarrow \boxed{3} : \boxed{5}$$

3 $10 : 25 \Rightarrow (10 \div \boxed{5}) : (25 \div \boxed{5}) \Rightarrow \boxed{2} : \boxed{5}$

4 $18 : 24 \Rightarrow (18 \div \boxed{6}) : (24 \div \boxed{6}) \Rightarrow \boxed{3} : \boxed{4}$

계산은 빠르고 정확하게!

걸린 시간	1~5분	5~8분	8~10분
맞은 개수	18~20개	14~17개	1~13개
평가	참 잘했어요.	잘했어요.	좀더 노력해요.

🕐 가장 간단한 자연수의 비로 나타내시오. (5~20)

5 $4 : 6 \Rightarrow \boxed{2} : \boxed{3}$

6 $8 : 4 \Rightarrow \boxed{2} : \boxed{1}$

7 $10 : 12 \Rightarrow \boxed{5} : \boxed{6}$

8 $14 : 21 \Rightarrow \boxed{2} : \boxed{3}$

9 $15 : 18 \Rightarrow \boxed{5} : \boxed{6}$

10 $20 : 25 \Rightarrow \boxed{4} : \boxed{5}$

11 $16 : 10 \Rightarrow \boxed{8} : \boxed{5}$

12 $24 : 21 \Rightarrow \boxed{8} : \boxed{7}$

13 $22 : 40 \Rightarrow \boxed{11} : \boxed{20}$

14 $15 : 35 \Rightarrow \boxed{3} : \boxed{7}$

15 $21 : 28 \Rightarrow \boxed{3} : \boxed{4}$

16 $33 : 44 \Rightarrow \boxed{3} : \boxed{4}$

17 $48 : 32 \Rightarrow \boxed{3} : \boxed{2}$

18 $39 : 52 \Rightarrow \boxed{3} : \boxed{4}$

19 $60 : 25 \Rightarrow \boxed{12} : \boxed{5}$

20 $72 : 48 \Rightarrow \boxed{3} : \boxed{2}$

 4 간단한 자연수의 비로 나타내기(2)

학습 날짜 월 일

🕐 가장 간단한 자연수의 비로 나타내려고 합니다. □ 안에 알맞은 수를 써넣으시오. (1~7)

1 0.2 : 0.3을 가장 간단한 자연수의 비로 나타내기 위하여 각 항에 ⑩을 곱합니다.
$$0.2 : 0.3 \Rightarrow (0.2 \times \boxed{10}) : (0.3 \times \boxed{10}) \Rightarrow \boxed{2} : \boxed{3}$$

2 0.17 : 0.15를 가장 간단한 자연수의 비로 나타내기 위하여 각 항에 ⑩⑩을 곱합니다.
$$0.17 : 0.15 \Rightarrow (0.17 \times \boxed{100}) : (0.15 \times \boxed{100}) \Rightarrow \boxed{17} : \boxed{15}$$

3 $0.12 : 0.23 \Rightarrow (0.12 \times \boxed{100}) : (0.23 \times \boxed{100}) \Rightarrow \boxed{12} : \boxed{23}$

4 $0.09 : 0.1 \Rightarrow (0.09 \times \boxed{100}) : (0.1 \times \boxed{100}) \Rightarrow \boxed{9} : \boxed{10}$

5 $0.4 : 0.37 \Rightarrow (0.4 \times \boxed{100}) : (0.37 \times \boxed{100}) \Rightarrow \boxed{40} : \boxed{37}$

6 $1.8 : 1.3 \Rightarrow (1.8 \times \boxed{10}) : (1.3 \times \boxed{10}) \Rightarrow \boxed{18} : \boxed{13}$

7 $2.4 : 1.9 \Rightarrow (2.4 \times \boxed{10}) : (1.9 \times \boxed{10}) \Rightarrow \boxed{24} : \boxed{19}$

계산은 빠르고 정확하게!

걸린 시간	1~8분	8~12분	12~16분
맞은 개수	21~23개	17~20개	1~16개
평가	참 잘했어요.	잘했어요.	좀더 노력해요.

🕐 가장 간단한 자연수의 비로 나타내시오. (8~23)

8 $0.1 : 0.4 \Rightarrow \boxed{1} : \boxed{4}$

9 $0.3 : 0.7 \Rightarrow \boxed{3} : \boxed{7}$

10 $0.9 : 0.2 \Rightarrow \boxed{9} : \boxed{2}$

11 $0.8 : 0.6 \Rightarrow \boxed{4} : \boxed{3}$

12 $0.12 : 0.13 \Rightarrow \boxed{12} : \boxed{13}$

13 $0.84 : 0.56 \Rightarrow \boxed{3} : \boxed{2}$

14 $0.07 : 0.18 \Rightarrow \boxed{7} : \boxed{18}$

15 $0.25 : 0.12 \Rightarrow \boxed{25} : \boxed{12}$

16 $1.6 : 1.2 \Rightarrow \boxed{4} : \boxed{3}$

17 $0.9 : 0.27 \Rightarrow \boxed{10} : \boxed{3}$

18 $4.8 : 1.2 \Rightarrow \boxed{4} : \boxed{1}$

19 $1.7 : 1.9 \Rightarrow \boxed{17} : \boxed{19}$

20 $1.5 : 1.25 \Rightarrow \boxed{6} : \boxed{5}$

21 $12.5 : 6 \Rightarrow \boxed{25} : \boxed{12}$

22 $1.24 : 1.4 \Rightarrow \boxed{31} : \boxed{35}$

23 $1.65 : 2.1 \Rightarrow \boxed{11} : \boxed{14}$

4 간단한 자연수의 비로 나타내기(3)

학습 날짜
월 일

📝 분수의 비를 가장 간단한 자연수의 비로 나타내기

• 각 항에 두 분모의 최소공배수를 곱하여 자연수의 비로 나타냅니다.

• 각 항을 두 수의 최대공약수로 나눕니다.

$$\frac{4}{5} : \frac{2}{3} \Rightarrow \left(\frac{4}{5} \times 15\right) : \left(\frac{2}{3} \times 15\right) \Rightarrow 12 : 10$$
$$\Rightarrow (12 \div 2) : (10 \div 2) \Rightarrow 6 : 5$$

📝 소수와 분수의 비를 가장 간단한 자연수의 비로 나타내기

소수를 분수로 고치거나 분수를 소수로 고친 후 가장 간단한 자연수의 비로 나타냅니다.

$$0.7 : \frac{2}{5} \Rightarrow \frac{7}{10} : \frac{2}{5} \Rightarrow \left(\frac{7}{10} \times 10\right) : \left(\frac{2}{5} \times 10\right) \Rightarrow 7 : 4$$
$$0.7 : \frac{2}{5} \Rightarrow 0.7 : 0.4 \Rightarrow (0.7 \times 10) : (0.4 \times 10) \Rightarrow 7 : 4$$

⏰ 가장 간단한 자연수의 비로 나타내려고 합니다. □ 안에 알맞은 수를 써넣으시오. (1~4)

1 $\frac{1}{2} : \frac{1}{3} \Rightarrow \left(\frac{1}{2} \times \boxed{6}\right) : \left(\frac{1}{3} \times \boxed{6}\right) \Rightarrow \boxed{3} : \boxed{2}$

2 $\frac{1}{4} : \frac{5}{6} \Rightarrow \left(\frac{1}{4} \times \boxed{12}\right) : \left(\frac{5}{6} \times \boxed{12}\right) \Rightarrow \boxed{3} : \boxed{10}$

3 $\frac{2}{3} : \frac{3}{5} \Rightarrow \left(\frac{2}{3} \times \boxed{15}\right) : \left(\frac{3}{5} \times \boxed{15}\right) \Rightarrow \boxed{10} : \boxed{9}$

4 $\frac{3}{5} : \frac{7}{10} \Rightarrow \left(\frac{3}{5} \times \boxed{10}\right) : \left(\frac{7}{10} \times \boxed{10}\right) \Rightarrow \boxed{6} : \boxed{7}$

계산은 빠르고 정확하게!

걸린 시간	1~5분	5~8분	8~10분
맞은 개수	17~18개	13~16개	1~12개
평가	참 잘했어요.	잘했어요.	좀더 노력해요.

⏰ 가장 간단한 자연수의 비로 나타내시오. (5~18)

5 $\frac{1}{2} : \frac{1}{5} \Rightarrow \boxed{5} : \boxed{2}$

6 $\frac{1}{3} : \frac{1}{7} \Rightarrow \boxed{7} : \boxed{3}$

7 $\frac{1}{3} : \frac{5}{6} \Rightarrow \boxed{2} : \boxed{5}$

8 $\frac{7}{8} : \frac{7}{9} \Rightarrow \boxed{9} : \boxed{8}$

9 $\frac{3}{4} : \frac{7}{12} \Rightarrow \boxed{9} : \boxed{7}$

10 $\frac{1}{6} : \frac{7}{10} \Rightarrow \boxed{5} : \boxed{21}$

11 $\frac{2}{3} : \frac{7}{8} \Rightarrow \boxed{16} : \boxed{21}$

12 $\frac{2}{3} : \frac{4}{7} \Rightarrow \boxed{7} : \boxed{6}$

13 $1\frac{1}{2} : \frac{9}{10} \Rightarrow \boxed{5} : \boxed{3}$

14 $1\frac{3}{10} : \frac{3}{5} \Rightarrow \boxed{13} : \boxed{6}$

15 $\frac{3}{4} : 1\frac{4}{5} \Rightarrow \boxed{5} : \boxed{12}$

16 $\frac{4}{15} : 2\frac{2}{9} \Rightarrow \boxed{3} : \boxed{25}$

17 $1\frac{1}{3} : 2\frac{1}{2} \Rightarrow \boxed{8} : \boxed{15}$

18 $2\frac{3}{4} : 1\frac{4}{5} \Rightarrow \boxed{55} : \boxed{36}$

4 간단한 자연수의 비로 나타내기(4)

학습 날짜
월 일

⏰ 가장 간단한 자연수의 비로 나타내려고 합니다. □ 안에 알맞은 수를 써넣으시오. (1~7)

1 $\frac{1}{4} : 0.3 \Rightarrow \left(\frac{1}{4} \times \boxed{20}\right) : \left(\frac{3}{10} \times 20\right) \Rightarrow \boxed{5} : \boxed{6}$

2 $\frac{1}{6} : 0.5 \Rightarrow \left(\frac{1}{6} \times \boxed{6}\right) : \left(\frac{1}{2} \times 6\right) \Rightarrow \boxed{1} : \boxed{3}$

3 $0.25 : \frac{3}{5} \Rightarrow \left(\frac{1}{4} \times 20\right) : \left(\frac{3}{5} \times \boxed{20}\right) \Rightarrow \boxed{5} : \boxed{12}$

4 $0.4 : \frac{7}{10} \Rightarrow \left(\frac{2}{5} \times 10\right) : \left(\frac{7}{10} \times \boxed{10}\right) \Rightarrow \boxed{4} : \boxed{7}$

5 $\frac{4}{5} : 0.5 \Rightarrow (0.8 \times \boxed{10}) : (0.5 \times \boxed{10}) \Rightarrow \boxed{8} : \boxed{5}$

6 $\frac{3}{4} : 0.13 \Rightarrow (0.75 \times \boxed{100}) : (0.13 \times \boxed{100}) \Rightarrow \boxed{75} : \boxed{13}$

7 $1.5 : 1\frac{2}{5} \Rightarrow (1.5 \times \boxed{10}) : (1.4 \times \boxed{10}) \Rightarrow \boxed{15} : \boxed{14}$

계산은 빠르고 정확하게!

걸린 시간	1~6분	6~9분	9~12분
맞은 개수	19~21개	15~18개	1~14개
평가	참 잘했어요.	잘했어요.	좀더 노력해요.

⏰ 가장 간단한 자연수의 비로 나타내시오. (8~21)

8 $\frac{1}{9} : 0.1 \Rightarrow \boxed{10} : \boxed{9}$

9 $0.8 : \frac{1}{5} \Rightarrow \boxed{4} : \boxed{1}$

10 $\frac{3}{4} : 0.6 \Rightarrow \boxed{5} : \boxed{4}$

11 $0.2 : \frac{2}{3} \Rightarrow \boxed{3} : \boxed{10}$

12 $\frac{13}{20} : 0.55 \Rightarrow \boxed{13} : \boxed{11}$

13 $0.4 : \frac{9}{10} \Rightarrow \boxed{4} : \boxed{9}$

14 $\frac{3}{8} : 0.4 \Rightarrow \boxed{15} : \boxed{16}$

15 $0.45 : \frac{3}{7} \Rightarrow \boxed{21} : \boxed{20}$

16 $\frac{4}{5} : 0.28 \Rightarrow \boxed{20} : \boxed{7}$

17 $0.5 : 1\frac{1}{8} \Rightarrow \boxed{4} : \boxed{9}$

18 $1\frac{1}{2} : 0.5 \Rightarrow \boxed{3} : \boxed{1}$

19 $1.6 : 1\frac{1}{15} \Rightarrow \boxed{3} : \boxed{2}$

20 $2\frac{1}{4} : 3.6 \Rightarrow \boxed{5} : \boxed{8}$

21 $1.04 : 3\frac{1}{5} \Rightarrow \boxed{13} : \boxed{40}$

5 비례식 (1)

익힘 날짜

월
일

- 비율이 같은 두 비를 기호 '='를 사용하여 나타낸 식을 비례식이라고 합니다.
- 비례식에서 바깥에 있는 두 항을 외항, 안쪽에 있는 두 항을 내항이라고 합니다.
- 비례식에서 외항의 곱과 내항의 곱은 같습니다.

외항
2 : 3 = 6 : 9
내항

$$3 \times \boxed{} = 4 \times 6$$
$$3 : 4 = 6 : \boxed{}$$
$$3 \times \boxed{} = 24$$
$$\boxed{} = 24 \div 3$$
$$\boxed{} = 8$$

⏰ □ 안에 알맞은 수를 써넣으시오. (1~3)

1 2 : 5의 비율 ➡ $\dfrac{\boxed{2}}{5}$, 8 : 20의 비율 ➡ $\dfrac{8}{20} = \dfrac{\boxed{2}}{5}$

두 비를 비례식으로 나타내면 2 : $\boxed{5}$ = $\boxed{8}$: $\boxed{20}$ 입니다.

2 15 : 18의 비율 ➡ $\dfrac{\boxed{15}}{18} = \dfrac{\boxed{5}}{6}$, 5 : 6의 비율 ➡ $\dfrac{\boxed{5}}{6}$

두 비를 비례식으로 나타내면 15 : $\boxed{18}$ = $\boxed{5}$: $\boxed{6}$ 입니다.

3 14 : 12의 비율 ➡ $\dfrac{\boxed{14}}{12} = \dfrac{\boxed{7}}{6}$, 21 : 18의 비율 ➡ $\dfrac{\boxed{21}}{18} = \dfrac{\boxed{7}}{6}$

두 비를 비례식으로 나타내면 14 : $\boxed{12}$ = $\boxed{21}$: $\boxed{18}$ 입니다.

계산은 빠르고 정확하게!

걸린 시간	1~4분	4~6분	6~8분
맞은 개수	8~9개	6~7개	1~5개
평가	참 잘했어요.	잘했어요.	좀더 노력해요.

⏰ 비율이 같은 비를 찾아 비례식으로 나타내시오. (4~9)

4

| 3 : 2 | 10 : 6 | 9 : 8 | 15 : 10 |

예 $\boxed{3}$: $\boxed{2}$ = $\boxed{15}$: $\boxed{10}$

5

| 12 : 11 | 6 : 5 | 4 : 3 | 18 : 15 |

예 $\boxed{6}$: $\boxed{5}$ = $\boxed{18}$: $\boxed{15}$

6

| 2 : 3 | 9 : 5 | 10 : 18 | 8 : 12 |

예 $\boxed{2}$: $\boxed{3}$ = $\boxed{8}$: $\boxed{12}$

7

| 3 : 7 | 9 : 17 | 24 : 56 | 45 : 54 |

예 $\boxed{3}$: $\boxed{7}$ = $\boxed{24}$: $\boxed{56}$

8

| 8 : 5 | 10 : 9 | 24 : 15 | 19 : 18 |

예 $\boxed{8}$: $\boxed{5}$ = $\boxed{24}$: $\boxed{15}$

9

| 7 : 5 | 6 : 8 | 18 : 24 | 15 : 21 |

예 $\boxed{6}$: $\boxed{8}$ = $\boxed{18}$: $\boxed{24}$

---

5 비례식 (2)

익힘 날짜

월 일

⏰ 비례식에서 외항과 내항을 각각 찾아 써 보시오. (1~10)

1 | 1 : 3 = 3 : 9 |

외항 (1, 9)
내항 (3, 3)

2 | 2 : 7 = 6 : 21 |

외항 (2, 21)
내항 (7, 6)

3 | 10 : 8 = 5 : 4 |

외항 (10, 4)
내항 (8, 5)

4 | 3 : 4 = 15 : 20 |

외항 (3, 20)
내항 (4, 15)

5 | 6 : 10 = 12 : 20 |

외항 (6, 20)
내항 (10, 12)

6 | 25 : 15 = 5 : 3 |

외항 (25, 3)
내항 (15, 5)

7 | 3 : 11 = 18 : 66 |

외항 (3, 66)
내항 (11, 18)

8 | 9 : 14 = 18 : 28 |

외항 (9, 28)
내항 (14, 18)

9 | 64 : 40 = 8 : 5 |

외항 (64, 5)
내항 (40, 8)

10 | 5 : 7 = 35 : 49 |

외항 (5, 49)
내항 (7, 35)

계산은 빠르고 정확하게!

걸린 시간	1~4분	4~6분	6~8분
맞은 개수	18~20개	14~17개	1~13개
평가	참 잘했어요.	잘했어요.	좀더 노력해요.

⏰ 비례식에서 외항의 곱과 내항의 곱을 각각 구하시오. (11~20)

11 | 2 : 3 = 4 : 6 |

외항의 곱 (12)
내항의 곱 (12)

12 | 4 : 3 = 12 : 9 |

외항의 곱 (36)
내항의 곱 (36)

13 | 1 : 7 = 5 : 35 |

외항의 곱 (35)
내항의 곱 (35)

14 | 4 : 5 = 16 : 20 |

외항의 곱 (80)
내항의 곱 (80)

15 | 5 : 7 = 20 : 28 |

외항의 곱 (140)
내항의 곱 (140)

16 | 8 : 6 = 4 : 3 |

외항의 곱 (24)
내항의 곱 (24)

17 | 3 : 4 = 15 : 20 |

외항의 곱 (60)
내항의 곱 (60)

18 | 28 : 8 = 7 : 2 |

외항의 곱 (56)
내항의 곱 (56)

19 | 2 : 3 = 14 : 21 |

외항의 곱 (42)
내항의 곱 (42)

20 | 12 : 5 = 72 : 30 |

외항의 곱 (360)
내항의 곱 (360)

5 비례식 (3)

⏰ 비례식의 성질을 이용하여 ■를 구하려고 합니다. □ 안에 알맞은 수를 써넣으시오. (1~4)

1

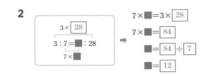

$2 \times ■ = 9 \times \boxed{8}$
$2 \times ■ = \boxed{72}$
$■ = \boxed{72} \div \boxed{2}$
$■ = \boxed{36}$

2

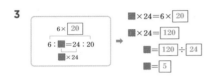

$7 \times ■ = 3 \times \boxed{28}$
$7 \times ■ = \boxed{84}$
$■ = \boxed{84} \div \boxed{7}$
$■ = \boxed{12}$

3

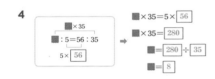

$■ \times 24 = 6 \times \boxed{20}$
$■ \times 24 = \boxed{120}$
$■ = \boxed{120} \div \boxed{24}$
$■ = \boxed{5}$

4

$■ \times 35 = 5 \times \boxed{56}$
$■ \times 35 = \boxed{280}$
$■ = \boxed{280} \div \boxed{35}$
$■ = \boxed{8}$

⏰ 비례식의 성질을 이용하여 □ 안에 알맞은 수를 써넣으시오. (5~18)

5 $2 : 7 = 6 : \boxed{21}$

6 $\boxed{3} : 5 = 12 : 20$

7 $5 : 4 = 20 : \boxed{16}$

8 $\boxed{18} : 6 = 6 : 2$

9 $\frac{1}{4} : \frac{1}{5} = 5 : \boxed{4}$

10 $\boxed{21} : 20 = \frac{3}{5} : \frac{4}{7}$

11 $\frac{1}{6} : \frac{2}{3} = 2 : \boxed{8}$

12 $\boxed{7} : 12 = \frac{2}{3} : 1\frac{1}{7}$

13 $0.7 : 0.8 = \boxed{7} : 8$

14 $2 : \boxed{3} = 0.6 : 0.9$

15 $3.6 : 1.6 = \boxed{9} : 4$

16 $13 : \boxed{4} = 2.6 : 0.8$

17 $\frac{5}{8} : 0.6 = \boxed{25} : 24$

18 $9 : \boxed{5} = 2.16 : 1\frac{1}{5}$

6 비례배분 (1)

• 전체를 주어진 비로 배분하는 것을 비례배분이라고 합니다.

예 사탕 14개를 명수와 지혜 4 : 3으로 배분하기

(명수가 가지는 사탕 수)$= 14 \times \frac{4}{4+3} = 14 \times \frac{4}{7} = 8$(개)

(지혜가 가지는 사탕 수)$= 14 \times \frac{3}{4+3} = 14 \times \frac{3}{7} = 6$(개)

⏰ 그림을 보고 비례배분하려고 합니다. □ 안에 알맞은 수를 써넣으시오. (1~2)

1

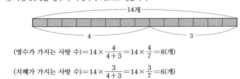

$100 \times \frac{3}{3+\boxed{7}} = \boxed{30}$ $100 \times \frac{7}{\boxed{3}+7} = \boxed{70}$

2

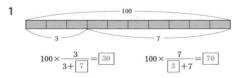

$400 \times \frac{5}{5+\boxed{3}} = \boxed{250}$ $400 \times \frac{3}{\boxed{5}+3} = \boxed{150}$

⏰ □ 안에 알맞은 수를 써넣으시오. (3~6)

3 사과 50개를 3 : 2로 비례배분하기

$50 \times \frac{3}{3+\boxed{2}} = 50 \times \frac{\boxed{3}}{5} = \boxed{30}$(개)

$50 \times \frac{2}{\boxed{3}+2} = 50 \times \frac{\boxed{2}}{5} = \boxed{20}$(개)

4 과자 56개를 9 : 5로 비례배분하기

$56 \times \frac{9}{9+\boxed{5}} = 56 \times \frac{\boxed{9}}{14} = \boxed{36}$(개)

$56 \times \frac{5}{\boxed{9}+5} = 56 \times \frac{\boxed{5}}{14} = \boxed{20}$(개)

5 주스 120 L를 5 : 3으로 비례배분하기

$120 \times \frac{5}{5+\boxed{3}} = 120 \times \frac{\boxed{5}}{8} = \boxed{75}$(L)

$120 \times \frac{3}{\boxed{5}+3} = 120 \times \frac{\boxed{3}}{8} = \boxed{45}$(L)

6 길이가 350 cm인 리본을 5 : 2로 비례배분하기

$350 \times \frac{5}{5+\boxed{2}} = 350 \times \frac{\boxed{5}}{7} = \boxed{250}$(cm)

$350 \times \frac{2}{\boxed{5}+2} = 350 \times \frac{\boxed{2}}{7} = \boxed{100}$(cm)

6 비례배분 (2)

 월 일

계산은 빠르고 정확하게!

걸린 시간	1~8분	8~12분	12~16분
맞은 개수	22~24개	17~21개	1~16개
평가	참 잘했어요.	잘했어요.	좀더 노력해요.

⏰ ▨ 안의 수를 주어진 비로 비례배분하여 (,) 안에 써넣으시오. (1~14)

1 20 1 : 4 ➡ (4 , 16)   **2** 25 2 : 3 ➡ (10 , 15)

3 24 3 : 5 ➡ (9 , 15)   **4** 55 5 : 6 ➡ (25 , 30)

5 96 9 : 7 ➡ (54 , 42)   **6** 65 8 : 5 ➡ (40 , 25)

7 77 3 : 8 ➡ (21 , 56)   **8** 72 5 : 7 ➡ (30 , 42)

9 84 9 : 5 ➡ (54 , 30)   **10** 78 10 : 3 ➡ (60 , 18)

11 85 8 : 9 ➡ (40 , 45)   **12** 104 11 : 15 ➡ (44 , 60)

13 144 7 : 11 ➡ (56 , 88)   **14** 150 13 : 17 ➡ (65 , 85)

⏰ 수를 주어진 비로 비례배분하여 빈 곳에 알맞은 수를 써넣으시오. (15~24)

15 20
1 : 3 ➡ 5 , 15
3 : 2 ➡ 12 , 8

16 72
3 : 5 ➡ 27 , 45
1 : 7 ➡ 9 , 63

17 99
4 : 5 ➡ 44 , 55
7 : 2 ➡ 77 , 22

18 90
2 : 3 ➡ 36 , 54
5 : 4 ➡ 50 , 40

19 144
2 : 1 ➡ 96 , 48
3 : 5 ➡ 54 , 90

20 162
4 : 5 ➡ 72 , 90
11 : 7 ➡ 99 , 63

21 180
7 : 5 ➡ 105 , 75
11 : 9 ➡ 99 , 81

22 240
3 : 2 ➡ 144 , 96
8 : 7 ➡ 128 , 112

23 350
2 : 3 ➡ 140 , 210
5 : 9 ➡ 125 , 225

24 432
1 : 3 ➡ 108 , 324
4 : 5 ➡ 192 , 240

---

 7 신기한 연산

 월 일

계산은 빠르고 정확하게!

걸린 시간	1~6분	6~9분	9~12분
맞은 개수	9~10개	7~8개	1~6개
평가	참 잘했어요.	잘했어요.	좀더 노력해요.

⏰ 직선 가와 나가 서로 평행할 때 ㉠과 ㉡의 넓이의 비를 가장 간단한 자연수의 비로 나타내시오. (1~2)

1
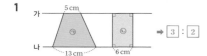
➡ 3 : 2

2
가
4 cm
㉠   ㉡
나
8 cm   10 cm
➡ 6 : 5

⏰ 주어진 세 비의 비율이 같습니다. ▨와 ▲에 들어갈 수를 구하시오. (3~5)

3
3 : 5   ▨ : 20   18 : ▲
▨ = 12   ▲ = 30

4
12 : ▨   4 : 7   ▲ : 35
▨ = 21   ▲ = 20

5
▨ : 15   24 : ▲   6 : 5
▨ = 18   ▲ = 20

⏰ 다음 조건에 맞게 비례식을 완성하시오. (6~7)

6
• 비례식의 비율은 $\frac{2}{3}$입니다.
• 두 외항의 곱은 54입니다.
➡ 2 : 3 = 18 : 27

7
• 비례식의 비율은 $\frac{5}{12}$입니다.
• 두 내항의 곱은 300입니다.
➡ 5 : 12 = 25 : 60

⏰ ㉮, ㉯, ㉰ 세 그릇의 들이의 비를 나타낸 것입니다. □ 안에 알맞은 수를 써넣으시오. (8~10)

㉮ : ㉯ = 7 : 4   ㉯ : ㉰ = 3 : 2

8 ㉮ 그릇의 들이가 21 L일 때, ㉯ 그릇의 들이는 (21 × 4) ÷ 7 = 12 (L)입니다.

9 ㉯ 그릇의 들이가 12 L일 때, ㉰ 그릇의 들이는 (12 × 2) ÷ 3 = 8 (L)입니다.

10 따라서 ㉮ 그릇의 들이가 21 L일 때, ㉰ 그릇의 들이는 8 L입니다.

확인 평가

걸린 시간	1~10분	10~15분	15~20분
맞은 개수	31~34개	24~30개	1~23개
평가	참 잘했어요.	잘했어요.	좀더 노력해요.

비율을 분수와 소수로 나타내시오. (1~4)

1 | 7 대 10 |

분수 ($\frac{7}{10}$)
소수 (0.7)

2 | 5에 대한 2의 비 |

분수 ($\frac{2}{5}$)
소수 (0.4)

3 | 11의 20에 대한 비 |

분수 ($\frac{11}{20}$)
소수 (0.55)

4 | 17과 25의 비 |

분수 ($\frac{17}{25}$)
소수 (0.68)

비율을 백분율로 나타내시오. (5~8)

5 $\frac{3}{4}$ ➡ (75 %)

6 $\frac{27}{50}$ ➡ (54 %)

7 0.7 ➡ (70 %)

8 0.96 ➡ (96 %)

백분율을 기약분수와 소수로 나타내시오. (9~10)

9 | 64 % |

분수 ($\frac{16}{25}$)
소수 (0.64)

10 | 125 % |

분수 ($1\frac{1}{4}$)
소수 (1.25)

□ 안에 알맞은 수를 써넣으시오. (11~14)

11
$5 : 7 \Rightarrow \boxed{45} : 63$
×9 ... ×9

12
$4 : 9 \Rightarrow 48 : \boxed{108}$
×12 ... ×12

13
$35 : 21 \Rightarrow \boxed{5} : 3$
÷7 ... ÷7

14
$84 : 60 \Rightarrow 7 : \boxed{5}$
÷12 ... ÷12

가장 간단한 자연수의 비로 나타내시오. (15~22)

15 $40 : 45 \Rightarrow \boxed{8} : \boxed{9}$

16 $110 : 154 \Rightarrow \boxed{5} : \boxed{7}$

17 $0.7 : 0.21 \Rightarrow \boxed{10} : \boxed{3}$

18 $0.64 : 0.56 \Rightarrow \boxed{8} : \boxed{7}$

19 $\frac{1}{4} : \frac{8}{15} \Rightarrow \boxed{15} : \boxed{32}$

20 $1\frac{4}{5} : \frac{3}{4} \Rightarrow \boxed{12} : \boxed{5}$

21 $2\frac{2}{3} : 1.5 \Rightarrow \boxed{16} : \boxed{9}$

22 $1.9 : 3\frac{4}{5} \Rightarrow \boxed{1} : \boxed{2}$

확인 평가

크라운을 도전하세요!

비례식의 성질을 이용하여 □ 안에 알맞은 수를 써넣으시오. (23~30)

23 $3 : 5 = 36 : \boxed{60}$

24 $\boxed{30} : 65 = 6 : 13$

25 $3.6 : 2.7 = 4 : \boxed{3}$

26 $\boxed{7} : 9 = 6.3 : 8.1$

27 $\frac{7}{12} : \frac{14}{15} = \boxed{5} : 8$

28 $3 : \boxed{1} = 3\frac{1}{3} : 1\frac{1}{9}$

29 $1\frac{3}{4} : 2.2 = \boxed{35} : 44$

30 $10 : \boxed{3} = \frac{1}{6} : 0.05$

수를 주어진 비로 비례배분하여 빈 곳에 써넣으시오. (31~24)

31 70
2 : 3 ➡ $\boxed{28}$, $\boxed{42}$
5 : 2 ➡ $\boxed{50}$, $\boxed{20}$

32 56
3 : 4 ➡ $\boxed{24}$, $\boxed{32}$
5 : 3 ➡ $\boxed{35}$, $\boxed{21}$

33 200
9 : 1 ➡ $\boxed{180}$, $\boxed{20}$
3 : 7 ➡ $\boxed{60}$, $\boxed{140}$

34 288
5 : 7 ➡ $\boxed{120}$, $\boxed{168}$
10 : 8 ➡ $\boxed{160}$, $\boxed{128}$

크라운 온라인 평가 응시 방법

에듀왕닷컴 접속 www.eduwang.com
⬇
메인 상단 메뉴에서 단원평가 클릭
⬇
단계 및 단원 선택
⬇
온라인 단원평가 실시(30분 동안 평가 실시)
⬇
크라운 확인

각 단원평가를 통해 100점을 받으시면 크라운 1개를 드리며, 획득하신 크라운으로 에듀왕 닷컴에서 판매하고 있는 교재 및 서비스를 무료로 구매하실 수 있습니다.

(크라운 1개 – 1000원)

1 원주 구하기(1)

월 일

- 원의 둘레의 길이를 원주라고 합니다.
- 원의 지름에 대한 원주의 비를 원주율이라고 합니다.

(원주율)＝(원주)÷(지름)

- 원주율을 소수로 나타내면 3.141592…와 같이 끝없이 써야 합니다.
  따라서 필요에 따라 3, 3.1, 3.14 등으로 어림하여 사용합니다.
- (원주율)＝(원주)÷(지름) ➡ (원주)＝(지름)×(원주율)
  ＝(반지름)×2×(원주율)

한 변의 길이가 2 cm인 정육각형, 지름이 4 cm인 원, 한 변의 길이가 4 cm인 정사각형을 보고 □ 안에 알맞은 수를 써넣으시오. (1~3)

1 정육각형의 둘레는 지름의 3배입니다.
원주는 정육각형의 둘레보다 크므로 지름의 3 배보다 큽니다.

2 정사각형의 둘레는 지름의 4 배입니다.
원주는 정사각형의 둘레보다 작으므로 지름의 4 배보다 작습니다.

3 (원의 지름)× 3 ＜(원주)＜(원의 지름)× 4
➡ 4× 3 ＜(원주)＜4× 4

계산은 빠르고 정확하게!

걸린 시간	1~3분	3~5분	5~7분
맞은 개수	8개	6~7개	1~5개
평가	참 잘했어요.	잘했어요.	좀더 노력해요.

□ 안에 알맞은 수를 써넣으시오. (4~8)

4 원주: 15 cm, 지름: 5 cm ➡ (원주)÷(지름)＝ 3

5 원주: 12.4 cm, 지름: 4 cm ➡ (원주)÷(지름)＝ 3.1

6 원주: 18.84 cm, 지름: 6 cm ➡ (원주)÷(지름)＝ 3.14

7
8 cm ➡ (원주율)＝(원주)÷(지름)
＝ 24.8 ÷ 8
＝ 3.1
원주 : 24.8 cm

8 7 cm ➡ (원주율)＝(원주)÷(지름)
＝ 43.96 ÷ 14
＝ 3.14
원주 : 43.96 cm

---

 1 원주 구하기(2)

월 일

원주를 구하려고 합니다. □ 안에 알맞은 수를 써넣으시오. (1~8)

1 4 cm (원주)＝ 4 ×3
＝ 12 (cm)
원주율: 3

2 3 cm (원주)＝ 3 ×2×3
＝ 18 (cm)
원주율: 3

3 5 cm (원주)＝ 5 ×3.1
＝ 15.5 (cm)
원주율: 3.1

4 4 cm (원주)＝ 4 ×2×3.1
＝ 24.8 (cm)
원주율: 3.1

5 7 cm (원주)＝ 7 × 3.1
＝ 21.7 (cm)
원주율: 3.1

6 7 cm (원주)＝ 7 ×2× 3.1
＝ 43.4 (cm)
원주율: 3.1

7 10 cm (원주)＝ 10 × 3.14
＝ 31.4 (cm)
원주율: 3.14

8 6 cm (원주)＝ 6 ×2× 3.14
＝ 37.68 (cm)
원주율: 3.14

계산은 빠르고 정확하게!

걸린 시간	1~4분	4~6분	6~8분
맞은 개수	15~16개	12~14개	1~11개
평가	참 잘했어요.	잘했어요.	좀더 노력해요.

원주를 구하시오. (원주율: 3) (9~16)

9 3 cm (9 cm)

10 2 cm (12 cm)

11 6 cm (18 cm)

12 5 cm (30 cm)

13 8 cm (24 cm)

14 3.5 cm (21 cm)

15 9 cm (27 cm)

16 6 cm (36 cm)

정답

1 원주 구하기(3)

계산은 빠르고 정확하게!

걸린 시간	1~6분	6~9분	9~12분
맞은 개수	15~16개	12~14개	1~11개
평가	참 잘했어요.	잘했어요.	좀더 노력해요.

⏰ 원주를 구하시오. (원주율: 3.1) (1~8)

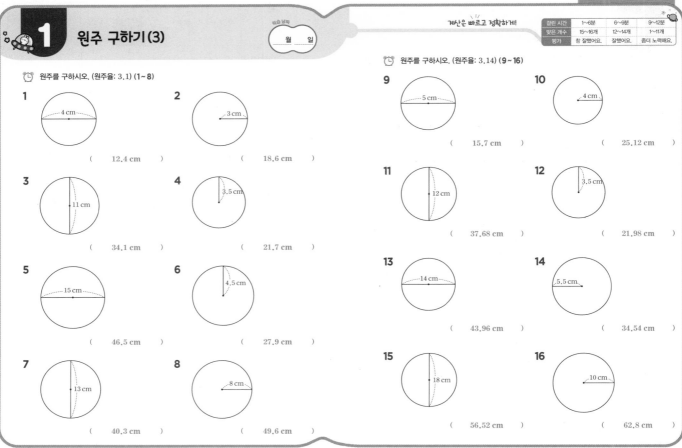

1 (4 cm) (12.4 cm)

2 (3 cm) (18.6 cm)

3 (11 cm) (34.1 cm)

4 (3.5 cm) (21.7 cm)

5 (15 cm) (46.5 cm)

6 (4.5 cm) (27.9 cm)

7 (13 cm) (40.3 cm)

8 (8 cm) (49.6 cm)

⏰ 원주를 구하시오. (원주율: 3.14) (9~16)

9 (5 cm) (15.7 cm)

10 (4 cm) (25.12 cm)

11 (12 cm) (37.68 cm)

12 (3.5 cm) (21.98 cm)

13 (14 cm) (43.96 cm)

14 (5.5 cm) (34.54 cm)

15 (18 cm) (56.52 cm)

16 (10 cm) (62.8 cm)

2 원의 지름, 반지름 구하기(1)

(원주율)=(원주)÷(지름) ➡ (지름)=(원주)÷(원주율)
(반지름)=(원주)÷(원주율)÷2

예 원주가 12.56 cm인 원의 지름과 반지름 구하기(원주율: 3.14)
(지름)=(원주)÷(원주율)
=12.56÷3.14=4(cm)
(반지름)=(원주)÷(원주율)÷2
=12.56÷3.14÷2=2(cm)

원주: 12.56 cm

계산은 빠르고 정확하게!

걸린 시간	1~4분	4~6분	6~8분
맞은 개수	13~14개	10~12개	1~9개
평가	참 잘했어요.	잘했어요.	좀더 노력해요.

⏰ 지름을 구하시오. (원주율: 3) (1~6)

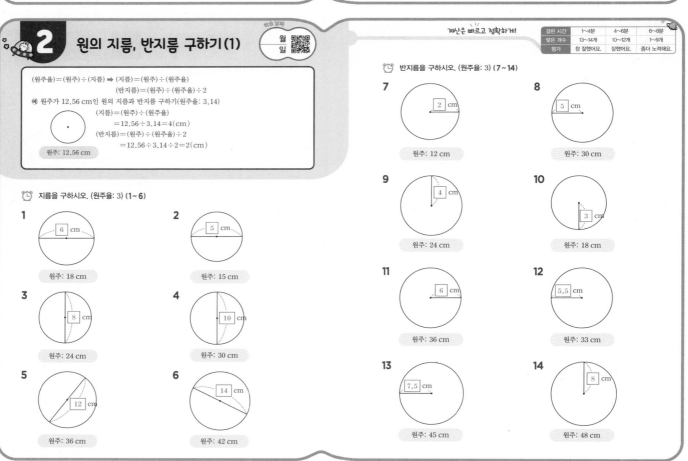

1 6 cm
원주: 18 cm

2 5 cm
원주: 15 cm

3 8 cm
원주: 24 cm

4 10 cm
원주: 30 cm

5 12 cm
원주: 36 cm

6 14 cm
원주: 42 cm

⏰ 반지름을 구하시오. (원주율: 3) (7~14)

7 2 cm
원주: 12 cm

8 5 cm
원주: 30 cm

9 4 cm
원주: 24 cm

10 3 cm
원주: 18 cm

11 6 cm
원주: 36 cm

12 5.5 cm
원주: 33 cm

13 7.5 cm
원주: 45 cm

14 8 cm
원주: 48 cm

2 원의 지름, 반지름 구하기 (2)

학습 날짜
월   일

계산은 빠르고 정확하게!

걸린 시간	1~5분	5~8분	8~10분
맞은 개수	15~16개	12~14개	1~11개
평가	참 잘했어요.	잘했어요.	좀더 노력해요.

지름을 구하시오. (원주율: 3.1) (1~8)

반지름을 구하시오. (원주율: 3.1) (9~16)

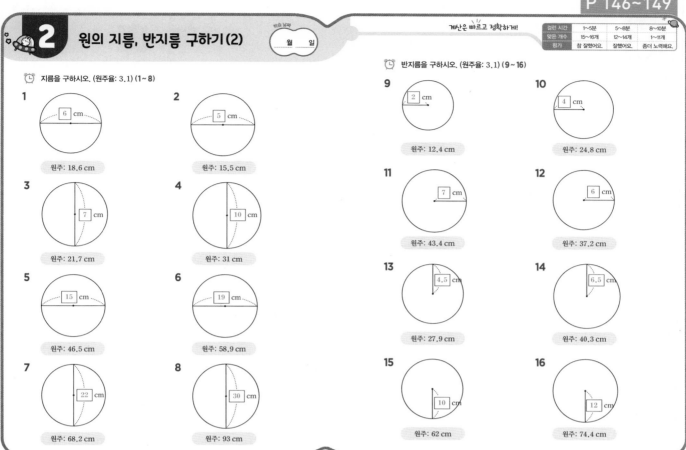

1
6 cm
원주: 18.6 cm

2
5 cm
원주: 15.5 cm

3
7 cm
원주: 21.7 cm

4
10 cm
원주: 31 cm

5
15 cm
원주: 46.5 cm

6
19 cm
원주: 58.9 cm

7
22 cm
원주: 68.2 cm

8
30 cm
원주: 93 cm

9
2 cm
원주: 12.4 cm

10
4 cm
원주: 24.8 cm

11
7 cm
원주: 43.4 cm

12
6 cm
원주: 37.2 cm

13
4.5 cm
원주: 27.9 cm

14
6.5 cm
원주: 40.3 cm

15
10 cm
원주: 62 cm

16
12 cm
원주: 74.4 cm

2 원의 지름, 반지름 구하기 (3)

학습 날짜
월   일

계산은 빠르고 정확하게!

걸린 시간	1~6분	6~9분	9~12분
맞은 개수	15~16개	12~14개	1~11개
평가	참 잘했어요.	잘했어요.	좀더 노력해요.

지름을 구하시오. (원주율: 3.14) (1~8)

반지름을 구하시오. (원주율: 3.14) (9~16)

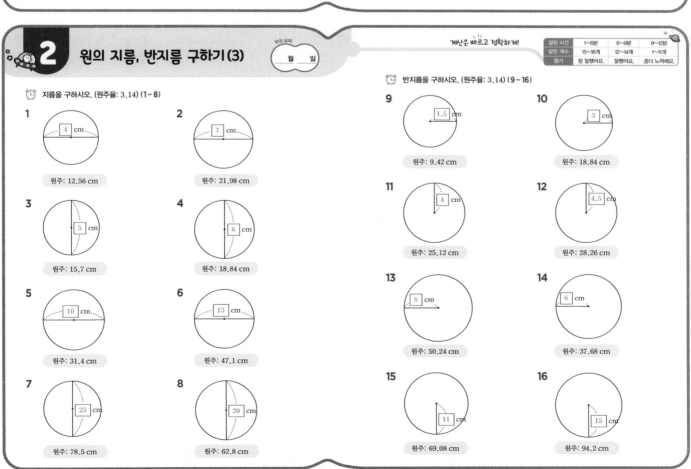

1
4 cm
원주: 12.56 cm

2
7 cm
원주: 21.98 cm

3
5 cm
원주: 15.7 cm

4
6 cm
원주: 18.84 cm

5
10 cm
원주: 31.4 cm

6
15 cm
원주: 47.1 cm

7
25 cm
원주: 78.5 cm

8
20 cm
원주: 62.8 cm

9
1.5 cm
원주: 9.42 cm

10
3 cm
원주: 18.84 cm

11
4 cm
원주: 25.12 cm

12
4.5 cm
원주: 28.26 cm

13
8 cm
원주: 50.24 cm

14
6 cm
원주: 37.68 cm

15
11 cm
원주: 69.08 cm

16
15 cm
원주: 94.2 cm

3 원의 넓이 구하기(1)

 월 일

원의 넓이 어림하기

① 원의 넓이와 원 밖의 정사각형의 넓이를 비교합니다.
  (원의 넓이) < 8×8=64(cm²)

② 원의 넓이와 원 안의 마름모의 넓이를 비교합니다.
  8×8÷2=32(cm²) < (원의 넓이)

③ 32 cm² < (원의 넓이) < 64 cm²이므로 원의 넓이는
  약 48 cm²라고 어림할 수 있습니다.

원의 넓이 구하는 방법 알아보기

$$(원의 넓이)=\left(원주의\ \frac{1}{2}\right)×(반지름)=(지름)×(원주율)×\frac{1}{2}×(반지름)$$
$$=(반지름)×(반지름)×(원주율)$$

지름이 10 cm인 원의 넓이를 어림하려고 합니다. □ 안에 알맞은 수를 써넣으시오. (1~3)

1 원 안의 색칠된 모눈의 수가 60 개이므로 원의 넓이는
   60 cm²보다 큽니다.

2 원 밖의 초록색 선 안쪽 모눈의 수가 88 개이므로 원의 넓이는 88 cm²보다 작습니다.

3 원의 넓이를 어림하면 60 cm² < (원의 넓이) < 88 cm²입니다.

걸린 시간	1~5분	5~8분	8~10분
맞은 개수	7개	6개	1~5개
평가	참 잘했어요	잘했어요	좀더 노력해요

원을 한없이 잘게 잘라 붙여 직사각형을 만들었습니다. □ 안에 알맞은 수를 써넣고, 직사각형의 넓이를 이용하여 원의 넓이를 구하시오. (4~7)

4 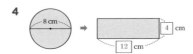 8 cm → 4 cm, 12 cm   원주율: 3

(48 cm²)

5 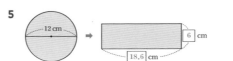 12 cm → 6 cm, 18.6 cm   원주율: 3.1

(111.6 cm²)

6  5 cm → 5 cm, 15.7 cm   원주율: 3.14

(78.5 cm²)

7  7 cm → 7 cm, 21.7 cm   원주율: 3.1

(151.9 cm²)

---

3 원의 넓이 구하기(2)

 월 일

원의 넓이를 구하시오. (원주율: 3) (1~8)

1 2 cm
(12 cm²)

2 4 cm
(48 cm²)

3 5 cm
(75 cm²)

4 8 cm
(192 cm²)

5 7 cm
(147 cm²)

6 10 cm
(300 cm²)

7 15 cm
(675 cm²)

8 11 cm
(363 cm²)

걸린 시간	1~4분	4~6분	6~8분
맞은 개수	15~16개	12~14개	1~11개
평가	참 잘했어요	잘했어요	좀더 노력해요

원의 넓이를 구하시오. (원주율: 3) (9~16)

9 6 cm
(27 cm²)

10 10 cm
(75 cm²)

11 18 cm
(243 cm²)

12 16 cm
(192 cm²)

13 22 cm
(363 cm²)

14 24 cm
(432 cm²)

15 32 cm
(768 cm²)

16 28 cm
(588 cm²)

3 원의 넓이 구하기(3)

월 일

계산은 빠르고 정확하게!

걸린 시간	1~5분	5~8분	8~10분
맞은 개수	15~16개	12~14개	1~11개
평가	참 잘했어요.	잘했어요.	좀더 노력해요.

원의 넓이를 구하시오. (원주율: 3.1) (1~8)

원의 넓이를 구하시오. (원주율: 3.1) (9~16)

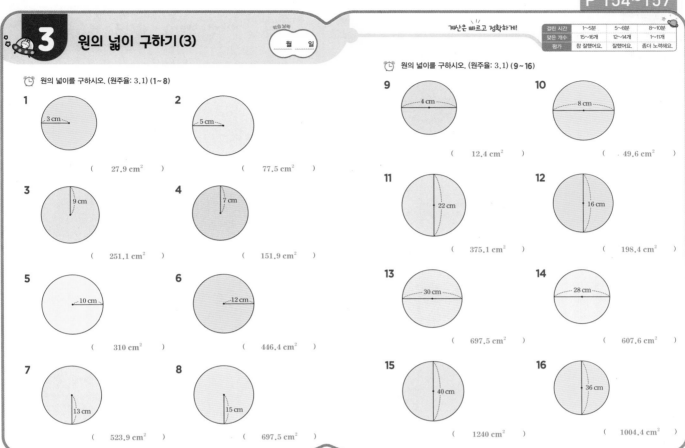

1 3 cm
(27.9 cm²)

2 5 cm
(77.5 cm²)

3 9 cm
(251.1 cm²)

4 7 cm
(151.9 cm²)

5 10 cm
(310 cm²)

6 12 cm
(446.4 cm²)

7 13 cm
(523.9 cm²)

8 15 cm
(697.5 cm²)

9 4 cm
(12.4 cm²)

10 8 cm
(49.6 cm²)

11 22 cm
(375.1 cm²)

12 16 cm
(198.4 cm²)

13 30 cm
(697.5 cm²)

14 28 cm
(607.6 cm²)

15 40 cm
(1240 cm²)

16 36 cm
(1004.4 cm²)

3 원의 넓이 구하기(4)

월 일

계산은 빠르고 정확하게!

걸린 시간	1~6분	6~9분	9~12분
맞은 개수	15~16개	13~14개	1~12개
평가	참 잘했어요.	잘했어요.	좀더 노력해요.

원의 넓이를 구하시오. (원주율: 3.14) (1~8)

원의 넓이를 구하시오. (원주율: 3.14) (9~16)

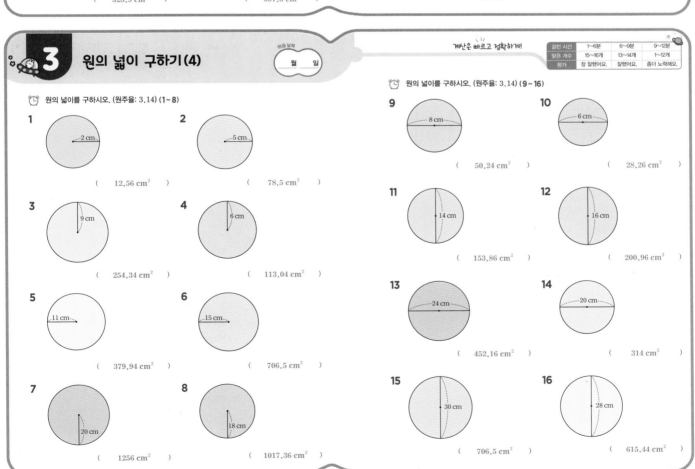

1 2 cm
(12.56 cm²)

2 5 cm
(78.5 cm²)

3 9 cm
(254.34 cm²)

4 6 cm
(113.04 cm²)

5 11 cm
(379.94 cm²)

6 15 cm
(706.5 cm²)

7 20 cm
(1256 cm²)

8 18 cm
(1017.36 cm²)

9 8 cm
(50.24 cm²)

10 6 cm
(28.26 cm²)

11 14 cm
(153.86 cm²)

12 16 cm
(200.96 cm²)

13 24 cm
(452.16 cm²)

14 20 cm
(314 cm²)

15 30 cm
(706.5 cm²)

16 28 cm
(615.44 cm²)

3 원의 넓이 구하기 (5)

🕐 색칠한 부분의 넓이를 구하시오. (원주율: 3) (1~4)

1

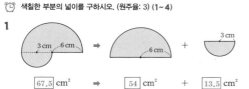

67.5 cm² ➡ 54 cm² + 13.5 cm²

2

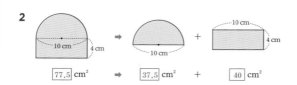

77.5 cm² ➡ 37.5 cm² + 40 cm²

3

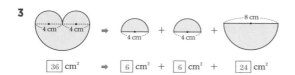

36 cm² ➡ 6 cm² + 6 cm² + 24 cm²

4

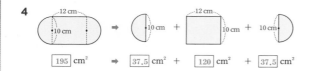

195 cm² ➡ 37.5 cm² + 120 cm² + 37.5 cm²

🕐 색칠한 부분의 넓이를 구하시오. (원주율: 3.1) (5~8)

5

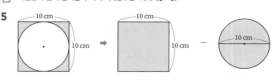

22.5 cm² ➡ 100 cm² - 77.5 cm²

6

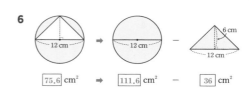

75.6 cm² ➡ 111.6 cm² - 36 cm²

7

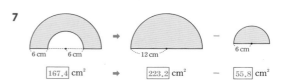

167.4 cm² ➡ 223.2 cm² - 55.8 cm²

8

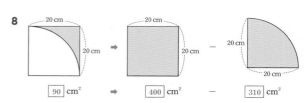

90 cm² ➡ 400 cm² - 310 cm²

---

4 신기한 연산

🕐 그림을 보고 물음에 답하시오. (원주율: 3) (1~4)

가 1 cm   나 2 cm   다 3 cm   라 4 cm

1 원주를 각각 구하여 표를 완성하시오.

원	가	나	다	라
원주(cm)	6	12	18	24

2 □ 안에 알맞은 수를 써넣으시오.

반지름이 2배, 3배, 4배가 되면 원주는 **2**배, **3**배, **4**배가 됩니다.

3 원의 넓이를 각각 구하여 표를 완성하시오.

원	가	나	다	라
넓이(cm²)	3	12	27	48

4 □ 안에 알맞은 수를 써넣으시오.

반지름이 2배, 3배, 4배가 되면 원의 넓이는 **4**배, **9**배, **16**배가 됩니다.

🕐 효근이네 동네에 있는 운동장 트랙에는 그림과 같이 안쪽부터 3개의 레인이 있습니다. 물음에 답하시오. (단, 한 레인의 폭은 1 m로 일정하고, 레인의 안쪽 선을 따라 달립니다.)
(원주율: 3.14) (5~8)

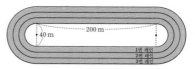

40 m   200 m
1번 레인
2번 레인
3번 레인

5 1번 레인에서 운동장 트랙을 한 바퀴 돌면 모두 몇 m를 달리게 됩니까?

40×3.14+200×2= **525.6** (m)

6 2번 레인에서 운동장 트랙을 한 바퀴 돌면 모두 몇 m를 달리게 됩니까?

(40+ **2**)×3.14+200× **2** = **531.88** (m)

7 3번 레인에서 운동장 트랙을 한 바퀴 돌면 모두 몇 m를 달리게 됩니까?

(40+ **4**)×3.14+200× **2** = **538.16** (m)

8 운동장 트랙을 한 바퀴 도는 경기를 할 때 공정한 경기가 되려면 1번 레인을 기준으로 2번 레인과 3번 레인은 얼마나 더 앞에서 출발해야 합니까?

2번 레인: **6.28** m

3번 레인: **12.56** m

확인 평가

걸린 시간	1~10분	10~15분	15~20분
맞은 개수	23~25개	18~22개	1~17개
평가	참 잘했어요	잘했어요	좀더 노력해요

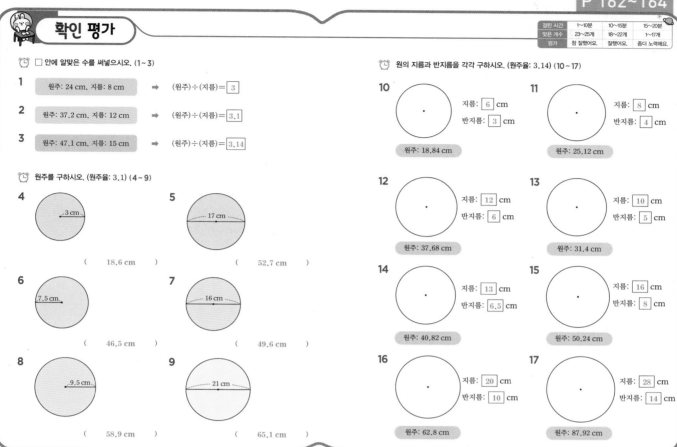

□ 안에 알맞은 수를 써넣으시오. (1~3)

1 원주: 24 cm, 지름: 8 cm ➡ (원주)÷(지름)= 3

2 원주: 37.2 cm, 지름: 12 cm ➡ (원주)÷(지름)= 3.1

3 원주: 47.1 cm, 지름: 15 cm ➡ (원주)÷(지름)= 3.14

원주를 구하시오. (원주율: 3.1) (4~9)

4 3 cm   (18.6 cm)

5 17 cm   (52.7 cm)

6 7.5 cm   (46.5 cm)

7 16 cm   (49.6 cm)

8 9.5 cm   (58.9 cm)

9 21 cm   (65.1 cm)

원의 지름과 반지름을 각각 구하시오. (원주율: 3.14) (10~17)

10 지름: 6 cm 반지름: 3 cm 원주: 18.84 cm

11 지름: 8 cm 반지름: 4 cm 원주: 25.12 cm

12 지름: 12 cm 반지름: 6 cm 원주: 37.68 cm

13 지름: 10 cm 반지름: 5 cm 원주: 31.4 cm

14 지름: 13 cm 반지름: 6.5 cm 원주: 40.82 cm

15 지름: 16 cm 반지름: 8 cm 원주: 50.24 cm

16 지름: 20 cm 반지름: 10 cm 원주: 62.8 cm

17 지름: 28 cm 반지름: 14 cm 원주: 87.92 cm

확인 평가

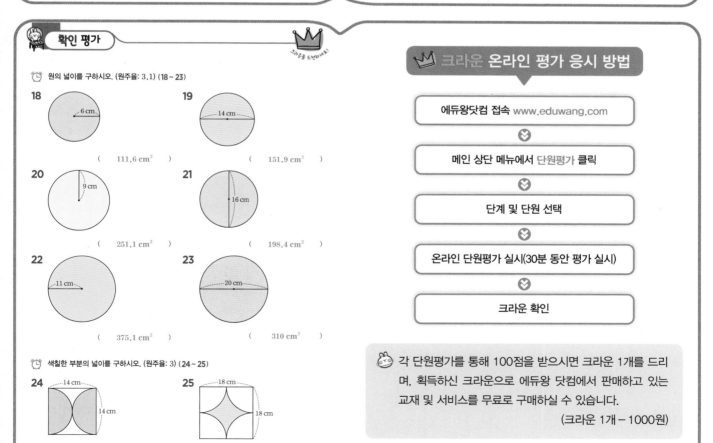

원의 넓이를 구하시오. (원주율: 3.1) (18~23)

18 6 cm   (111.6 cm²)

19 14 cm   (151.9 cm²)

20 9 cm   (251.1 cm²)

21 16 cm   (198.4 cm²)

22 11 cm   (375.1 cm²)

23 20 cm   (310 cm²)

색칠한 부분의 넓이를 구하시오. (원주율: 3) (24~25)

24 14 cm, 14 cm   (147 cm²)

25 18 cm, 18 cm   (81 cm²)

크라운 온라인 평가 응시 방법

에듀왕닷컴 접속 www.eduwang.com
⬇
메인 상단 메뉴에서 단원평가 클릭
⬇
단계 및 단원 선택
⬇
온라인 단원평가 실시(30분 동안 평가 실시)
⬇
크라운 확인

각 단원평가를 통해 100점을 받으시면 크라운 1개를 드리며, 획득하신 크라운으로 에듀왕 닷컴에서 판매하고 있는 교재 및 서비스를 무료로 구매하실 수 있습니다.

(크라운 1개 - 1000원)

Memo

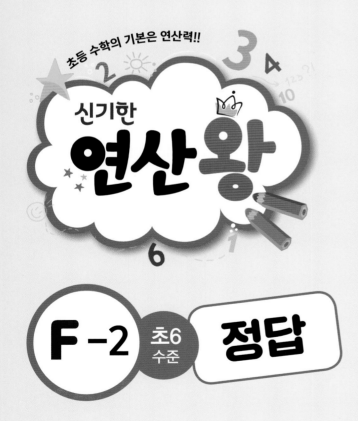

초등 수학의 기본은 연산력!!

신기한
연산왕

F-2 초6 수준 정답